VOYAGE

d'une

IGNORANTE.

VOYAGE

D'UNE

IGNORANTE

DANS LE MIDI DE LA FRANCE

ET L'ITALIE.

TOME II.

PARIS.
PAULIN, ÉDITEUR, 6, RUE DE SEINE.
1838.

CHAPITRE XXI.

FESTA DI BALLO. — CONVERSAZIONI. — SOCIÉTÉ NAPOLITAINE.

Naples, 2 février 1834.

Il y avait hier *festa di ballo* à San-Carlo. La salle devait être brillamment éclairée, une foule de masques circulaient déjà dans la ville, et, curieuse de comparer ce bal masqué à ceux de la rue *Lepelletier*, je formai le projet de m'y rendre.

Minuit etait l'heure désignée; combien la soirée me parut longue! Mes yeux s'appesantissaient; la musique, la lecture échouaient contre un sommeil indiscret, le livre s'échappait de mes mains affaiblies... et je me réveillais en sursaut. Ma harpe, elle aussi, restait endormie sous mes doigts; les notes vibraient médiocres, je ne rencontrais pas un de ces chants, pas une de ces modulations originales qui vous arrivent parfois, et je ne sais d'où; ce n'étaient que fades reminiscences répétées plus fastidieusement encore; ce n'était que lassitude au-dedans, lassitude au-dehors; impatience vague qui planait sur mes rêves!... — Perdre trois heures de sommeil, ces trois premières heures dont aucun songe n'altère la paix, où l'ame se repose délicieusement de tout projet, de toute inquiétude, de toute douleur, et, le dirai-je... de toute joie, sacrifier ces instans si précieux d'une mort qui ne doit pas durer à quelques momens passés dans une atmosphère d'intrigue, de laideur morale sous enveloppe, c'était là une folie... qui pis est, une folie affligeante.

Les détails de la seule visite que j'aie faite au bal masqué de l'opéra se retraçaient à moi; je considérais de nouveau ce domino, ce masque noir qu'avec un plaisir d'enfant je me faisais une fête de revêtir, je me regardais ainsi affublée, et mon rire était aussi franc qu'il y a deux années... je montais en voiture (mentalement toujours), mon cœur battait de cette émotion que produit l'attente d'un spectacle inconnu ; les degrés s'effaçaient sous mes pas, et je demeurais frappée d'étonnement, ainsi qu'au jour de mon expérience.

Je revoyais cette salle, je revoyais cette foule sombre, presque silencieuse, dont le murmure avait quelque chose de mystérieux. Je revoyais ces dominos femmes, qui couraient le théâtre avec une hardiesse désespérante ; je surprenais cette dégradation des hommes qui se réjouissaient, qui profitaient de leur avilissement. Ces paroles de tendresse prononcées par des lèvres que la dépravation a souillées ; cette puissance de la corruption qui s'étendait ainsi qu'un vaste filet, cet esprit, ces talens, ce génie qui ne pouvaient sauver une ame de l'infamie générale ; ce nivellement opéré par la débauche ; jeté, sur l'ensemble, le voile du respect humain, voile si transparent qu'à travers son tissu on apercevait distinctement les contours du vice ; rien ne m'échappait. — J'éprouvais ces regrets du retour, cette honte d'être femme, ce mépris qu'on ressent pour soi-même à la vue d'êtres semblables à soi et qui se traînent dans la fange. J'éprouvais contre les hommes une haine invéterée : les doutes, la méfiance se glissaient inaperçus, froids, au fond de mon cœur, pour flétrir ce qu'il renferme. Cette ignorance du mal dans ses développemens, cette fraicheur d'une ame jeune, cette croyance intime au beau, au bien; ces rêveries si pures, si douces... cela perdu, fané, venait se présenter à ma mémoire, et, comme autrefois, me désolait.

Mon impatience se convertit en crainte; un instant de plus, je renonçais. Tandis que j'étais indécise, la voiture s'avança ; ma tante, quelques amis élevèrent leurs voix pour m'enjoindre de descendre ; on mit un manteau sur mes épaules, il me sembla être entraînée, et le coupé roulait vers San-Carlo, que je balançais encore le pour et le contre.

Envahie par les regrets, je me trouvais dans la loge presqu'à mon insçu, lorsque la vive lueur des bougies, l'accent aigre des dominos, la multitude des costumes qui tourbillonnaient, la richesse des parures étalées autour de moi; les masques qui fuyaient, ceux qui poursuivaient, les pantalons, les arlequins, les polichinelles qui formaient entre eux une association maligne, et jouaient cent tours au reste de l'assemblée, changèrent brusquement le cours de mes réflexions.

On voyait des turcs, des sultanes, des mamelucks, des marquis de l'ancien régime, des chevaliers, quelques brigands de *l'Auberge des Adrets* parvenus jusqu'ici en dépit de la police; et ce vacarme infernal, causé par deux à trois mille sons divers, peut se comparer aux rugissemens effroyables qu'on entend près d'une ménagerie affamée!

Ce n'était plus ce triste aspect, cachant une réalité plus triste encore, qui m'avait si fort affectée à Paris. Un peuple bizarre se renouvelait sans cesse sous mes yeux. Ici, se pressaient des masques d'or, d'argent ou de bronze; plus loin livides, décharnés, ils paraissaient dérobés à quelques cadavres; ceux-là couverts de pustules ou de blessures hideuses, imitaient à s'y méprendre les accidens de la nature. Les nez tordus, les yeux louches, les bouches proéminentes, les traits discordans, rivalisaient de bizarrerie. A leur suite venaient les figures de cire avec leur impassible régularité; les arlequins, le petit chapeau retroussé sur l'oreille, une batte dans les mains, distribuaient force coups qui résonnaient dans la salle; les pierrots, les rois, les hermites, les grandes dames, les pauvresses, se croisaient, intriguant, riant et s'attaquant à chacun. Celui-ci vous donnait une fleur, cet autre des dragées; le troisième engageait avec vous une conversation originale; une théyère gigantesque s'approchait gravement, lançant par le goulot une pluie de confetti qu'on s'arrachait avec des trépignemens de joie; un seigneur portant sur la poitrine une serrure dorée en guise de décoration, promenait, un sourire protecteur sur les lèvres, son habit de chambellan auquel était suspendue une prodigieuse clef de fer rouillé. Quelque pauvre hère, désigné par un confrère à la vengeance des arlequins était tout à coup cerné, hué; et la tête basse, offrant aux risées du public son front rouge de dépit, il s'efforçait en vain d'échapper au cercle diabolique qui l'entourait en gambadant. —On s'accostait, on se quittait pour se rejoindre plus tard; des contredanses, des walses exécutées avec d'extravagantes contorsions; des courses, des duels simulés, changeaient à tout instant la physionomie du bal. Puis, si l'on se recueillait une seconde et qu'on saisit l'ensemble que présentait aux regards cette illumination, ces deux ou trois mille costumes tour-à-tour étincelans, curieux ou étranges; on se croyait transporté dans ces régions merveilleuses que nous créent les rêves de la nuit, dont les rayons du jour viennent effacer les splendeurs, et qu'avant d'ouvrir la paupière nous voyons fuir loin de nous, légers, vaporeux, bientôt insaisissables.

Il fallut enfin m'arracher à ce spectacle; l'ennui ne m'avait pas atteinte; intriguée plusieurs fois avec un ton, avec une élégance parfaites, je n'aperçus là que folles démonstrations, et je goûtai, au retour, cette paix intérieure que le bal de l'Opéra m'avait ravie pour des mois!

Naples, 4 février 1834.

Quelques lettres de recommandations m'ont introduite dans la société italienne; j'ai pris part à ces *conversazioni* qu'on connaît plus encore de nom que de fait, et, seule étrangère parmi ces hommes dont les mœurs, vigoureusement défendues, se sont conservées pures d'alliage, j'ai joui de toute leur étrangeté.

Les nobles napolitains se divisent en deux

branches distinctes. L'une, par un continuel frottement avec les désœuvrés de tous les pays dont Naples est encombrée, a beaucoup perdu de cette *couleur locale* que le voyageur aime à rencontrer, et se compose d'hommes, de femmes attachés à la cour, ou d'hommes et de femmes qui désirent l'être sans l'avoir obtenu. Exclusivement occupés des faits, des gestes du roi ou de la reine, ils répètent à satiété leurs moindres paroles, et la fête du soir, le dîner du lendemain, la robe de *la* une telle, l'amant de cette autre; une chaîne de commerages effrayante à la pensée comme aux yeux, un écheveau embrouillé, les intéressent uniquement.

Tandis que le mari emploie son adresse à faire tomber sur lui un rayon de ce soleil *qui ne luit pas pour tous*; tandis qu'il plie, qu'il consulte sa boussole, qu'il louvoie, qu'il s'élance hardi selon que le ciel bleu assure un beau fixe, ou que d'épaisses nuées annoncent de l'orage; pendant que soucieux, il s'avance *précautionneusement* dans la vie, ainsi que *Quentin Durward*, s'avançait dans le parc de *Plessis-les-Tours...* Sa femme se rend au petit-lever, baise la main, donne la chemise; passe la journée au lit lorsqu'elle n'est pas de service; le soir va dans le monde, parcourt les appartemens, écoute une histoire de celui-ci, la redit à celui-là ; jette les semences d'une intrigue qui se développera dans quelques semaines, assiste à un éclat ménagé depuis plusieurs mois, tient en ses doigts un millier de fils qu'elle dirige de concert avec ses *bonnes amies*, et ne goûte la vie qu'au moment où les bougies s'allument. Reçue dans cette société, je n'y ai ressenti que vide; les réunions intimes en dévoilent bien la pauvreté. Pâle, les yeux et l'esprit affaissés, *madame*, étendue sur son divan, cherchait à se consoler du bal qui n'était pas, en parlant du bal qui n'était plus. Rien d'animé dans la conversation, à peine un homme supérieur, guidé là par sa mauvaise étoile, effleurait-il quelque sujet sérieux, qu'un — « *Quant' era brutta, la contessina ieria sera!* » ou telle autre exclamation faite à voix mourante arrêtait la parole sur ses lèvres. Dans cette coterie, le jugement, l'instruction, ne sont pas à l'ordre du jour. De la finesse chez les femmes, de la fatuité chez les hommes; chez les uns et chez les autres du babil, une futilité qu'on ne saurait peindre, une entière indifférence pour ce qui sort des intérêts de salon ; voilà ce qu'on y remarque en revanche ; voilà ce qu'il faut pour y être apprécié, pour l'apprécier soi-même ; et voilà ce qui m'en a éloignée.

La seconde branche, s'élevant fière sans mêler ses rameaux à ceux d'aucune autre, se compose des hommes que leurs moyens ou leur conduite politique ont illustrés. C'est là le foyer des idées, par conséquent celui de l'opposition ; et c'est là, qu'accueillie dès mon arrivée à Naples, j'ai rencontré ce qu'on cherche vainement ailleurs. De l'esprit, et pas de charlatanisme ; de la pénétration, et pas de méchanceté ; des talens distingués, et pas de suffisance ; de la sensibilité, et pas de mise en scène ; de la science, et pas de ces physionomies pédantes que revêtent quelquefois les savans, ainsi qu'une boutique, son enseigne ; puis, et avant toutes ces choses, un trésor de haut prix, un trésor méconnu, ou plutôt *inconnu* de nos jours ; un trésor qui s'est changé pour nous en tradition ; un trésor dont l'existence est maintenant un problême.... *la bonhommie!* — Elle se déploie ici vraie, attrayante, ainsi qu'aux temps passés ; elle prête un inestimable prix aux paroles, enlevant à la société mille petites passions basses ; elle ôte aux rapports des hommes entre eux, cette gêne, cette circonspection timorée que fait naître la crainte des interprétations malignes, l'orgueil et la fausse honte combinés.

On ne s'applique point à de minutieuses observations sur le prochain. Cette amabilité de boudoir, ces riens auxquels un peu de médisance communique du piquant, ce qu'on appelle *une bonne histoire* ; l'ironie, l'art de mystifier ; ces cent et une impertinences qui, dites avec un accent léger, un sourire de propre satisfaction, le je ne sais quoi, font fureur à Paris, à Naples ne trouveraient pas grâce. Le savoir, le charme, sont regardés comme des dons de Dieu ; nul ne s'avise d'en louer le possesseur, et de là cette modestie chez les hommes distingués, de là cette indifférence pour la louange, cette absence d'envie, cette absence de désirs mesquins qui rend l'exercice des facultés si facile !

On ne fait point montre de soi-même ; on ne dit pas, *je suis musicien ;* mais on chante, mais on joue du piano ou de la harpe, et l'on ravit ses auditeurs ! On ne dit pas, *je suis géographe, mathématicien, naturaliste, jurisconsulte ;* on ne dirige pas même la conversation sur des sujets qui vous soient familiers ; cependant lorsqu'elle y tombe par hasard, on surprend chacun par la profondeur de ses connaissances. On ne dit pas, *je suis poète*; en croyant l'être on n'adopte pas une mise, une coiffure, une physionomie particulière ; mais l'on fait des vers et l'on fait de beaux vers, sans ajouter pour cela une boucle à sa chevelure ni une ride à son front.

Plus de ces besoins immodérés de plaire ; plus de ces mouvemens de dépit mal déguisés sous une douceur factice; plus de ces espérances, plus de ces déceptions mondaines qui rabaissent l'ame, l'enserrent, ne laissent derrière elles que dégoût, que remords ! Plus de causes, plus d'effets; mal ou bien, on reste *soi*, et cette absence de calculs les surpasse tous par la réussite de ses résultats.

Les conversazioni régulièrement suivies en apprennent davantage là-dessus, que cent pages détaillées; la simplicité, c'est là ce qui leur donne de l'attrait, et par le temps qui court, une si grande originalité. Un appartement carrelé, un appartement sans tapis, sans tentures; des chaises de paille, quelques vieux meubles recouverts d'une étoffe de coton; ça et là une lampe, une bougie, puis un piano, de nombreux cahiers de musique ; sur le sopha, des femmes en robes de laine, en robes de chambre, en redingotes, en chapeaux, en pantouffles, en châles, et telles que le matin, chez soi, l'on se mettrait à peine ; épars dans le salon, des hommes qu'à leur maintien on dirait les plus ordinaires du monde ; jamais de feu, pas de thé, pas de sirop, pas de gâteaux, pas de sorbetti ; en un mot, pas de collation ; voilà le matériel de ces comités

N'étant pas préparé à ce genre de réception, vous arrivez, élégamment vêtu, sous les armes ; et, stupéfait de ne voir personne à combattre ; partagé entre l'ennui qu'on éprouve à se sentir légèrement déplacé par sa toilette, l'étonnement qu'inspire celle des autres, et entre la curiosité que fait naître un aspect aussi nouveau, vous vous glissez dans un obscur recoin en promenant vos regards sur ces figures piquantes sans le secours de l'art ; sur ces vêtemens modestes, sur cet ensemble dont chaque membre paraît avoir pour devise : « *naturel!* »

La maîtresse de la maison vous met en rapport avec un grand nombre des personnes rassemblées chez elle. — Cet homme âgé, grêle, dont le visage sillonné, dont les cheveux blancs, le dos courbé vous avaient frappé dès l'abord, c'est *Crescentini!....* Ce Crescentini, dont le nom placé il y a vingt ans sur toutes les lèvres, n'en sortait qu'accompagné de louanges fanatiques! Il s'approche, il vous parle de sa gloire passée, il vous parle de ses accens qui charmaient Napoléon; ses yeux sont éteints, sa physionomie rêveuse; il semble avec sa voix avoir abandonné son ame aux temps qui ne sont plus; et cette figure blême, ces prunelles sans expression, cette vie moralement terminée qui poursuit son cours traînant après elle un cadavre, répandent sur vos pensées une mélancolie réelle --- Là, un gros homme ramassé, dont l'extérieur n'annonce ni esprit, ni connaissances relevées, joue avec un enfant. A l'examen de sa personne, vous ne demandez pas même son nom; cependant cinq minutes ne se sont pas écoulées qu'on vous l'a désigné comme le colonel *V.....* un des grands mathématiciens de notre siècle. — Cet homme de haute stature, simplement vêtu, taciturne, c'est le comte *R.....*, ministre sous Murat, chéri par ce monarque, et révéré de Naples entier. — A demi-cachée sous ce bonnet, enfoncée dans une vaste bergère, vous voyez la duchesse de C..., ex-ambassadrice, dont l'amabilité et les traits ont laissé de vifs souvenirs dans les différentes cours de l'Europe qu'elle a visitées. — Ici une jeune fille aux cheveux blonds, dirige vers le ciel ses yeux sensibles qu'on dirait fuir les choses, les gens et les flatteries du monde; c'est la *Gu....*, nouvelle Corinne, dont les vers inspirés par une ame brûlante font vibrer tous les cœurs napolitains. — Plus loin, c'est un compositeur dont on exécutera dans un mois l'opéra à San-Carlo, et dans cette réunion formée de célébrités acquises ou près de l'être, pas un de ces visages arrogans qui resplendissent de vanité, qui voudraient imposer l'admiration et n'inspirent que de l'antipathie.

Après un quart-d'heure de causerie, on ouvre le piano. Chacun à son tour chante ou joue; étant sans prétention, on se trouve sans trouble; qui a un talent, si petit, si misérable qu'il soit, doit en faire don à l'assemblée. On ne connaît ici, ni les rhumes obstinés qui altèrent la voix, ni les refus qui recèlent un violent désir de consentir, ni ces mille simagrées qui entravent les plus indifférentes actions de la vie sociale. On ne cache rien, on ne ménage pas de coup de théâtre; ce qu'on possède est *propriété publique*, nul n'a le droit de s'en réserver la moindre partie, et l'on rencontre là, mis en action, ce partage des biens, rêve des apôtres de Saint-Simon, qui a si fort dérangé nos têtes! Point de ces louanges exagérées qui humilient l'homme de génie, et font du sot l'objet de la moquerie générale. La note fausse n'est pas étouffée par les bravos de ces claqueurs de salons, qu'une maîtresse de maison bien avisée a toujours soin d'inviter en masse; l'expression maladroite, fruit d'ingrates études, ne fait naître aucune de ces grimaces sentimentales dont la vue seule est une amère satire! On ne s'écrie pas « *force d'artiste!* » au passage barbouillé, et lorsqu'effarouchée, la tête perdue, quelque malheureuse se lance au travers d'une pièce inextricable, ainsi qu'un cheval emporté, au milieu des champs, des prairies, des forêts.... lorsque sautant des notes et des mesures, ainsi que le coursier des fossés, elle se prend à hésiter, qu'elle s'émeut, qu'elle s'arrête court, puis qu'elle recommence avec le courage du désespoir; on n'entend point ces mots perfides, *quelle assurance! quel aplomb! quelle fermeté!* retentir de toutes parts et signaler sa défaite. — Les éloges sont rares, mais ils sont vrais ; une note exprimée avec ame est appréciée de chacun ; un murure de satisfaction s'élève aux pages dites avec cette passion que dicte le cœur et que ne peut imiter l'art; un *bene* arraché par la puissance du talent le récompense de ses efforts, et ce seul mot entendu là, excite plus vivement l'émulation que les cent phrases trompeuses de nos auditeurs parisiens.

CHAPITRE XXII.

ACADÉMIE ROYALE. — MONSIGNOR CAPECE-LATRO. — LE CORSO. — POUZZOLE. — LA SOLFATARE.

Naples, 8 février 1834.

C'est hier qu'eut lieu l'ouverture de l'académie royale, organisée par le souverain, en regard, ou mieux, en haine de celle des nobles. Le foyer du théâtre San-Carlo, que son grand-père s'appropria jadis, formait la salle de bal; d'énormes colonnes canelées supportaient le plafond couvert d'arabesques et de peintures délicates; cent lustres de cristal étincelaient sous la flamme des bougies, et jetaient aux alentours leurs feux animés des couleurs de l'arc-en-ciel; les parois, tapissées de glaces, renvoyant la lumière par faisceaux, répétaient à l'infini les figures gracieuses qui passaient devant elles, en laissant tomber un furtif regard sur leur surface.

Ces femmes revêtues de riches étoffes; cet or, ces perles, ces fleurs posées sur de soyeuses chevelures; ces uniformes, cette musique militaire, ce mélange de vingt nations; cette reine de traits nobles, mais pâle, mais étrangère en apparence à la gaîté; ces galops fougueux, ces *à parte* pleins de mystère, ces conversations générales où chacun s'efforçait de briller, non de son propre éclat, mais de l'ombre qu'il répandait autour de lui; cet art jusque dans le naturel; cette persévérance apportée à se tromper mutuellement; ces émotions causées par l'amour-propre, et que l'amour-propre trahissait; cette foule qui s'agitait sans autre but que celui d'effacer quelques heures de sa vie; ce mécontentement de ceux qui ont tant sacrifié à l'existence mondaine, et ne reçoivent que plaisir creux; que déceptions, que regrets en retour; cet ensemble pris en masse comme en détail, réunissait l'intérêt des *contes fantastiques* à celui des *scènes de la vie privée*.

Assise dans un recoin inaperçu, je suivais ce spectacle. Les groupes se succédaient sans cesse devant moi. Des paroles d'amour envoyées à je ne sais quelle femme me parvenaient tremblantes, passionnées, au travers d'une draperie de mousseline. Je saisissais deux mots sévères adressés par une mère irritée à la jeune fille qui oubliait un regard humide sur quelque pimpant officier de marine. J'entendais deux hommes se redire avec ironie l'aveu naïf qu'ils venaient de soustraire à des lèvres inexpérimentées. C'était des jeunes gens séduits par le scintillant entourage d'une coquette, qui se précipitaient à sa suite, et croyaient obtenir ainsi un brevet d'élégance. C'était des perruques savamment fabriquées accompagnant des visages artistement replâtrés; c'était des roses sur des rides; c'était le monde et ses mille faces changeantes, c'était le monde et ses paillettes qui recouvrent des abimes, et ses mille séductions qui ne voilent pas une seule joie véritable. — Aussi, lui jurais-je une haine éternelle!... qui durera, je pense, jusqu'au jour où, relevée de mon poste par quelque danseur en retard, j'oublierai mes griefs en effleurant le parquet.

Naples, 9 février 1831.

Une visite à *Monsignor* **Capece-Latro**, archevêque de Tarente, fait partie de tout voyage complet en Italie; et si l'itinéraire ne l'indique pas à l'étranger, son livre de notes le rappelle sans cesse à sa mémoire. Assourdi que l'on est par ces cris de carnaval, par la multitude costumée qui parcourt les rues, par cette surabondance de gaité dont on ne asurait partager l'ivresse; on ressent une douce émotion à visiter un vieillard auquel le monde n'a point ôté ce recueillement que devrait toujours imprimer le voisinage de la mort, et qui rendent une tête ornée de cheveux blancs si touchante! — Il semble qu'environné d'hommes esclaves de la circonstance, on se purifie en approchant d'un homme que les circonstances ont trouvé inébranlable. L'indépendance, la fidélité à ses opinions sont des joyaux que l'on ne rencontre guère; si par hasard la souillure des cours a passé sur eux sans y laisser de taches, ils deviennent précieux en raison de leur rareté, et l'on ne peut attacher trop d'importance à les voir.

Je me présentai hier chez *Monsignore*; dans son palais, pas de ces voix glapissantes qui attaquent le tympan; pas de valets nombreux et salement vêtus; mais un ordre, mais une tranquillité qui contrastaient agréablement avec les folies du *Corso*.

Le chanoine de l'ex-archevêque, homme distingué qui professe les mêmes opinions que *Monsignore*, me reçut à la porte; je fus conduite au travers d'une longue enfilade de salons, vers celui qu'occupait le prélat. — De superbes tableaux recouvraient les tentures. Ici, un buste; là une imitation en miniature *du Taureau Farnèse*; un tabouret, un coussin, une aquarelle, un crayon retraçant le chat dans les diverses occurrences de sa vie; ces animaux eux-mêmes en chair et en os, l'un, noir, svelte, dirigeant sur moi les deux plus expressifs yeux verts que j'aie vus de ma vie; l'autre blanc, potelé, arrondissant sa patte veloutée, recevant avec une dignité monacale les caresses que j'osai lui faire; le troisième gris de perles, guettant, se roulant, se jetant de côté, en arrière, pour revenir à la charge... Voilà ce qui me parut composer un intérieur digne d'envie.

Nous avancions escortés de notre garde d'honneur fourrée, quand, au fond d'un cabinet, vêtu de noir, assis sur un canapé, la tête courbée sur sa poitrine, j'aperçus un homme âgé dont la figure, dont les cheveux qui ressortaient en boucles argentées dessous une petite calotte, me remplirent de vénération ! C'était lui ; je m'abandonnais involontairement à l'examen de cette noble physionomie, lorsqu'un signe qu'il fit de la main vint me hâter. — Placée auprès de lui, je restai sans parole; ainsi qu'il m'arrive toujours, mon vif désir de paraître aimable n'avait d'autre résultat que celui de me rendre sotte au dernier point, et les chats, dont l'un s'avisa par aventure de sauter sur mes genoux, me tirèrent heureusement de peine. Le caractère de cet animal, les calomnies dont il est victime, formèrent pendant un quart-d'heure le thème de la conversation. Les paroles du prélat s'échappaient empreintes d'un laisser-aller charmant ; je m'oubliais à le considérer, j'épiais les changemens de son visage, et chacune de ces nuances me le révélait plus séduisant. La modestie avec laquelle il accueillit l'expression chaleureuse de mon admiration pour sa conduite, dénotait une humilité réelle, jointe à cette insouciance polie que donne une profonde connaissance du monde et de ses arrêts. Sa voix douce, son regard fin, s'insinuaient dans mon cœur pour y éteindre toute passion mauvaise, et une pure sensation de bonheur remplaçait ces pensées inquiètes, cette amertume, cette tristesse sourde qui gissent au fond d'une ame que les intérêts de la terre maîtrisent encore.

Je me retirai; appuyée sur mon bras, *monsignore Capece-Latro* se dirigea vers la porte; à moitié chemin, il hocha la tête en m'attirant vers un portrait d'enfant.

— » Voyez!... » — dit-il avec un soupir, tandis que le souvenir des premières émotions de sa vie se refléchissait sur ses traits, ainsi que l'ombre de l'hirondelle qui fuit, se réfléchit dans l'onde limpide qu'elle vient de rider en la frappant de son aile. — Se détournant, il désigna une tête dans la force de l'âge.

» — *Encore !...* » — reprit-il, en arrêtant sur moi ses yeux qui étincelaient! — Son front se redressa, un sourire lumineux entr'ouvrit ses lèvres; puis élevant vers les cieux un regard qui semblait faire descendre sur son visage un rayon de la gloire céleste... il murmura — *Bientôt!* et de sa main qui retombait, il me montra la terre.

» *Adieu!* » ajouta-t-il — vous reviendrez!
— Une inclination fut mon unique réponse, je ne pouvais articuler un mot, et l'espérance que j'avais de le revoir parvint avec peine à me consoler de le quitter si promptement!

Naples, 10 février 1834.

La première, la seule chose faisable au sortir du Corso, c'est d'avaler en grande hâte quatre ou cinq verres de tisane; c'est d'envoyer au plus vite quérir son chirurgien; c'est de faire bassiner son lit; c'est de se jeter dedans, d'accumuler sur son corps, duvets ou couvertures; de transpirer (si transpirer est possible), puis de remettre son ame aux saints du paradis.

« J'irai au cours » me disais-je ce matin.
— « Je veux le voir, je veux me distraire, je veux... » Hélas! j'ai souffert, j'ai gémi, et rien autre.

Enfermée dans ma calèche dont le soufflet

était abaissé, tenant un écran à la main, protégée de toutes parts ou croyant l'être, je m'acheminais vers la rue de Tolède, et, m'étourdissant au voisinage du danger, je fixais mon attention sur les objets extérieurs, j'imposais silence aux craintes vagues qui s'emparaient de moi, en leur opposant le calme inébranlable que prête à l'âme une résolution forte!

Je me sentais pleine de vie; j'avais le libre exercice de mes facultés; mes membres obéissaient au moindre de mes caprices, et un instant, un seul instant peut-être allait m'enlever ces biens! — Un instant, et mon front!... je n'achevai pas... un projectile lancé par quelque main ensorcelée m'atteignit au sourcil gauche; je restai sans voix, sans pensée, jusqu'au moment où d'abondantes larmes arrachées par la souffrance, venant en diminuer l'intensité, je pus recouvrer quelques idées et reprendre avec celui de la douleur, le sentiment de l'existence!

Ah! combien je maudis de bon cœur, et ces Napolitains si inconsidérés dans leurs jeux, et les jeux eux-mêmes! Combien je maudis ces Anglais boxeurs dans leur île, presque assassins dans ce pays, et qu'on dirait créateurs de ces nouvelles saturnales tant ils y apportent d'acharnement, tant ils y mettent de cette rudesse, de cette gaucherie britannique, bout de l'oreille que des séjours répétés sur le continent ne sauraient parvenir à cacher. Combien ces dames qui viennent récompenser par une révérence gracieuse, la main brutale qui les couvre de plâtre; combien ce roi déguisé, lançant des zuccherini, recevant du gyps, accompagné de la foule qui s'agenouillait dans la boue pour recueillir une dragée, me semblèrent pitoyables...!

Sur ces entrefaites..... une seconde pierre (l'amidon ainsi préparé en a la consistance), une seconde pierre arrivant en droite ligne sur ma lèvre en fit jaillir le sang!

» Ah!... » m'écriai-je en portant mon mouchoir sur la bouche — » Ceci passe raillerie! Cocher! » — je saisis le bras du domestique — « En arrière, promptement! »

» Addietro! » fit l'Italien avec un faible haussement d'épaules « Addietro! » — puis d'un geste et sans sortir de la file, il me montra les lanciers de piquet, placés devant chaque issue.

— « Tyrannie! » murmurai-je en me reculant dans le coin de la voiture — « Tyrannie absolue!... Eh quoi! parce qu'un honnête homme... ou une honnête femme, peu importe, a voulu goûter un moment ces soi-disant joies du Corso, il lui faudra bon gré mal gré, sain ou blessé, vivant ou mort, suivre ce même cours dans son interminable longueur? — Quoi, parce que des fous prennent plaisir à s'entretuer, il lui faudra, en dépit du bon sens et du bon droit, leur livrer son corps pour qu'ils en fassent une cible, pour qu'ils le transpercent, pour qu'ils le meurtrissent comme elle?... Je voudrais bien savoir de quel droit, deux fois la semaine, on obstrue la principale rue d'une ville; retardant celui qui se presse, hâtant celui qui veut rester; exposant tout être raisonnable aux furies d'êtres insensés; soumettant une population entière aux fantaisies de quelques riches seigneurs?... » — Je me tus, car l'indignation m'ôtait la parole; étourdie par la multitude des boules qui sifflaient à mes oreilles, s'amortissaient contre l'étoffe de mon manteau, puis tombaient inoffensives à mes pieds; je songeai au carnaval de Paris, je songeai à ces costumes spirituels qu'on voit sur les boulevarts, je songeai à cette gaîté de bon ton, à ce parfum d'élégance qu'exhale notre cité; et je me pris à soupirer, car les cris sauvages qui retentissaient près de moi, car ce peuple en guenilles qui se trainait sous les roues, et jetait d'un bras exercé des masses de gyps, de fange mêlés ; car ces instrumens de fer inventés pour doubler la violence des coups, car cette guerre sans tact, avec mes regrets, ranimait mon patriotisme.

Pendant deux heures, j'ai passé dans les rangs ennemis. Ce qui m'est resté de cette promenade, c'est une bosse au front, une écorchure à la lèvre ; plus le souvenir de trois ou quatre figures endommagées au possible ! Ici, j'ai vu un œil grièvement blessé par les éclats de la lunette brisée qui le protégeait ; là, un nez sanglant s'est offert à mes regards ; plus loin, une joue balafrée excitait la pitié générale... Et l'ame attristée par cette collection de misères, je suis revenue froissée du champ de bataille, m'étonnant encore de ces joies effrenées, qui, à vrai dire, ne sont autre chose qu'une étrange grossièreté !

Naples, 11 février 1834.

Après un mois consacré à la dissipation, changer l'ordre de ses idées, se transporter, ne fût-ce que pour quelques momens, au milieu d'objets divers, est une grande jouissance! On éprouve le besoin de voir des arbres, de l'herbe, un ruisseau, même une mare; la nature enfin, au sortir de ces salons où la nature ne se montre que voilée, par fois laide et repoussante. On éprouve le besoin d'échapper à ces figures de raout, que durant un hiver entier on remarque dans chaque fête, et que chaque fête vous ramène plus fanées. On éprouve le besoin de secouer cette masse d'idées noires, d'idées fausses, d'idées sottes que le monde encourage ou qu'il fait naître; et retrouver la solitude, entendre de nouveau ces mille bruits de la campagne qui échappent à l'analyse, et composent la poésie champêtre; courir sur le rivage, cueillir ces fleurs dont les têtes bleues, jaunes ou blanches s'inclinent sous la brise qui se promène aux alentours; saisir la branche menue, surprendre la sève sous son écorce verdoyante, et jouir et ne songer à rien..... Ce sont là des sensations qui rajeunissent l'ame!

Lasse du carnaval, lasse des bals de Naples, je me dirigeai hier vers Pouzzol; — C'était le matin; les pêcheurs allaient partir. Sur la rivière de Chiaja, dans Mergelline, pullulaient ces hommes demi-nus, le manteau brun

sur l'épaule, chargés de filets et accompagnés
d'innombrables enfans. Les femmes enveloppées de chétives pièces de toile, la chevelure en désordre, la poitrine à peine cachée sous le châle écarlate qu'elles serraient autour d'elles, raccommodaient leurs vêtemens,
couchées en longues files sur le terrain qui
borde les murs. — Un trou noir formait la
porte de leurs habitations; des feux brillans
étaient allumés dans la rue; au travers des
nuages de fumée on apercevait au dedans quelques bottes de paille, quelques débris de couvertures jetés à terre en guise de couche; au
plafond, des gourdes, des oignons et pas
autre chose, car de tables ou de chaises, ces
pauvres gens n'en connaissent, je crois, pas
même le nom.

Nous traversâmes la grotte, ou plutôt le
couloir de Pausilipe. Des arbrisseaux se balançaient sur les rochers qui le surmontent,
tandis que le lierre, tandis que la rose au
feuillage vert laissaient pendre leurs guirlandes entrelacées devant l'ouverture, et se détachaient délicates sur les ténèbres que recèlent
l'intérieur. Nous entrâmes; j'aperçus au loin
la lueur du jour qui me parvenait entrecoupée

par les rayons rougeâtres des lampes suspendues à la voûte. Les chevaux se précipitaient fougueux; leurs pas, le bruit des roues, les cris des paysans, ceux des conducteurs de charrettes, le beuglement des bœufs, le braiement des ânes, les glapissements de la volaille, les grognemens furieux des porcs, tout cela repoussé par les parois et répercuté dans l'étroit espace, composait un vacarme diabolique, au milieu duquel l'oreille la plus exercée n'eût pu démêler aucun son distinct.

Rien d'extraordinaire comme ce passage; long à l'infini, il est si resserré que la rencontre inopinée d'une voiture fait tressaillir! — Malheur au piéton dans cet antre ténébreux; il n'a point assez de toute sa présence d'esprit pour fuir les dangers qui le poursuivent; une distraction, c'est la mort; et un artiste, un penseur, y seraient infailliblement broyés.

Roulant avec une incroyable rapidité, il me semblait être sur une des grandes routes de l'enfer. Mes anciens extraits de mythologie se retraçaient à mon souvenir; je croyais voir surgir ces ombres dont fourmillent les bords de l'Achéron; je prenais l'aboiement du modeste chien qui escortait son maître pour ceux de Cerbère; je tremblais à l'aspect du mendiant appuyé contre le mur, un chapeau troué posé à terre, une barbe grisonnante descendant sur la poitrine, comme si la rebarbative figure de Caron se fût dressée menaçante devant moi, et convertissant en trône le tas de bois qui s'élevait à l'extrémité opposée, j'y plaçais Pluton, sa digne moitié, leur cour diablotine, lorsqu'un air pur, réchauffé par les feux du soleil vint frapper mon visage et me ramener sur la terre.

Nonobstant mon goût pour les lieux souterrains, j'eus du plaisir à échanger la voûte de Pausilipe contre celle des cieux. La route suivait les sinuosités du rivage, pendant qu'une ligne de rocs parsemés d'aloës appuyait son côté droit. Quelques voiles blanches se balançaient sur la mer; Pouzzol se découpait gris, crénelé, antique, presque entièrement ruiné, sur les croupes vertes du cap Mysène; des pêcheurs et leurs nacelles élancées fendaient l'onde que plissait la brise; une foule de ces corricoli prompts à la course parcourait le chemin; des chèvres, gardées par quelques petites filles aux yeux noirs, à la peau brune, gravissaient les rochers, en passant entre les ronces une tête curieuse; et ces détails, qui paraissent niais à décrire, m'attachaient fortement.

Ces habitations si heureusement groupées, ces alternatives piquantes d'ombre et de lumière; ce clocher, cette tour couronnée d'arbrisseaux, cette plante fleurie végétant sur ses murailles, ces vagues dont le mouvement uniforme berce la pensée, ce batelet, cet homme dont le bonnet rouge semble une étincelle sur les flots; le bruit de la rame qu'il y enfonce, les gouttes brillantes qu'elle répand en se relevant, la teinte sombre du lazaret qui sort de la mer, isolé, dépouillé d'ombrage; le chariot où s'entassent paysans et bestiaux, le chant des journaliers qui taillent la vigne, tout est charmant.

Pouzzol est une de ces villes pittoresques à force de dégradation, dont on demeure enchanté dès l'instant où l'on est certain de ne point avoir à y chercher de gîte; tant il est vrai que la perspective d'un lit détestable ou d'un mauvais dîner communique à l'ame une tristesse que ne sauraient racheter d'antiques ruines!

Un port traversé dans sa largeur par les restes du pont audacieux qu'y fit jeter Caligula; le temple de Sérapis, ses dalles que lave l'eau de la mer; çà et là des bas-reliefs; autour, les chambres qui servaient de vestiaires aux prêtres; puis, se découpant sur la verdure de la colline et la teinte bleue du ciel, trois colonnes debout encore, majestueuses, immuables; des sources d'eau chaude, des bains publics, l'amphithéâtre, un vaste réservoir, vous sont montrés par le cicerone. Sans pitié, désirant obtenir, dans le plus court espace de temps, la somme qui lui a été promise, ce misérable vous traîne parmi les curiosités, vous harcelle, vous fatigue à l'excès. «— Ici, villa de Cicerone!... » — Un coup-d'œil, une croix à l'itinéraire, et marchons. «— Là, temple de Diane!...» — Même croix, même coup-d'œil, même fuite... Ainsi de suite, jusqu'à la Solfature.

Un vallon circulaire, dont le terrain jaunâtre se trouve planté de myrtes, et de hautes bruyères à fleurs blanches, s'ouvre devant vous. — Rien là qui ressemble à un volcan même éteint; et lorsqu'on rappelle le Vésuve à sa mémoire, lorsqu'on compare ces champs de lave, ces terres sillonnées, noircies par le feu, ces scènes de désolation, ce bouleversement horrible, à la verdure brillante qui tapisse l'intérieur de la Solfatare, aux pins élancés qui se détachent sur les coteaux dont elle est environnée, un sourire moqueur effleure les lèvres. Puis l'on s'avance ; la végétation disparaît peu à peu, le terrain prend une teinte éclatante, la fumée tourbillonne au sein des rochers. On presse le pas, une odeur de soufre gêne la respiration ; la terre, en certains endroits, est brûlante ; çà et là s'échappent de volumineuses bouffées de vapeurs ; des morceaux d'alun sont épars ; et, de champêtre qu'il était, le cratère devient presque effrayant. — Il est curieux de se retracer le volcan actif au milieu du volcan mort. Les gerbes de feu, les pierres rougies, les mugissemens sourds, les torrens de lave, les détonations, les secousses, la puissance de l'un, forment, avec le silence, avec l'inertie, avec l'impuissance de l'autre, un étonnant contraste ! On ressent de la tristesse à contempler ce grand cadavre, et la chaudière chargée de soufre, que met en ébullition une de ses bouches principales, me paraît une insulte à sa faiblesse.

Gravissant le coteau par une gorge rocailleuse remplie de fumaroli, je jouis plus tard d'un panorama très étendu. La baie de Pouzzol, quelques-unes des îles, le cap Mysène, une masse de ruines pittoresques, s'étalaient aux alentours, pendant qu'à mes pieds les exhalaisons de la Solfatare remontaient en colonnes bleuâtres. Après dix minutes de marche, je me trouvai sur le revers de la croupe, et le Vésuve, son étendard brun, Naples, Portici, Sorrento, ses côtes dorées, cette mer d'un azur de turquoise, ce riche ensemble, qu'on s'essaie inutilement à peindre, se déploya sous mes yeux!

La descente fut délicieuse! Un sentier qui s'égarait dans un bois de haute futaie, pour s'enfoncer entre deux roches tapissées de plantes vertes, m'amena sur les bords du lac d'Agnano, entouré de joncs aux têtes argentées. Je laissai la grotte du Chien, peu curieuse d'assister à l'expérience cruelle qu'on y renouvelle à l'arrivée de chaque voyageur, et je revins à Naples, ravie de cette journée dont la liberté, l'air de la campagne, le premier gazouillement des oiseaux, puis de l'herbe, des fleurs, et quelques arbres avaient fait tout le bonheur!

CHAPITRE XXIII.

CAPO DI MONTE. — LE MÔLE. — LES CATACOMBES. — BAYA.

Naples, 13 février 1834.

J'ai été cet après-midi à Capo di Monte.—Le château n'a rien, par lui-même, d'agréable à l'œil; mais le tableau qu'on aperçoit en suivant les contours de cette villa royale me parait magnifique; et le parc, la terrasse, le jardin anglais sont, chacun dans leur genre, des lieux de délices! Enfermée par une haie de chênes verts dont les cîmes s'entre croisent, la terrasse, qui s'avance circulairement au-dessus de Naples, permet aux regards de s'égarer jusqu'à l'horizon, que la mer, que le ciel bornent seuls. Des sentiers solitaires, tapissés d'une mousse fine comme le velours, ceignent la pelouse de leurs replis nombreux, et aboutissent à l'entrée du parc composé d'une forêt dont les branches entremêlées forment une masse compacte, que cinq voûtes partant d'un rond point divisent en parts égales. Le chemin du centre, protégé par une voûte de verdure, réalise quelques-uns de nos plus séduisans contes de fées; l'on dirait, à la voir, une nouvelle grotte de Pausilipe, taillée dans le feuillage. Coupés à la manière de Le Nôtre, les arbres, étroitement serrés, présentent une fraîche surface; et la chapelle de Saint-Janvier, située à l'extrémité de l'une des allées, divers monumens placés au fond des autres, contribuent à rendre cet endroit original.

Cependant le jardin anglais, ses échappées de vue sur le Vésuve, ses arbustes odoriférans, ses fleurs qui chargent l'air de leurs parfums, ses ombrages et ses détours l'emportent à mon avis sur le reste. C'est là que s'épanouit la renoncule aux riches couleurs, la giroflée qui embaume l'atmosphère, l'anémone de teintes variées, la jonquille aux pétales éclatans, la violette double, le narcisse avec ses petites couronnes d'or, la jacynthe dont les tiges ornées de fleurons entr'ouverts se pressent au milieu d'un vaste parterre. C'est là que s'élèvent en buissons, et le géranium aux nuances tour-à-tour rouges, blanches ou rosées; et le daphné dont la senteur est enivrante, et le rosier qui embrasse quelque vieux tronc de ses rameaux, puis laisse tomber près de son écorce brune les boutons de sa fleur que le printemps colore d'un incarnat foncé.

Les appartemens royaux qu'on offrait à mon admiration n'ont pu me tenter; j'ai préféré les pompes de la campagne à celles d'un palais : respirer cet air balsamique, me promener dans ces bosquets, former un bouquet, causer graines, plantations, boutures, greffes avec le jardinier; plus tard, revenir lentement aux rayons du soleil couchant qui disparaissait derrière St-Elme, a fait naître en moi une foule de sensations précieuses, que ne sauraient me communiquer les plus fastueux plaisirs.

Naples, 14 février 1834.

La place Médine, ses théâtres de marionnettes, les scènes de mer si pittoresques à contempler de la terre, les pêcheurs basanés dont le travail et les fatigues ont gonflé les muscles, fortifié les membres, m'attirent sans cesse vers le môle. Il faut, d'ailleurs, une longue connaissance des choses, des gens et des lieux pour les apprécier. Il en est de la nature comme d'un livre: s'il est bon, la première lecture vous dévoile une partie de ses charmes, la seconde vous attache davantage; à la troisième, vous découvrez une foule de mots, une foule d'idées qui établissent entre vous et lui des rapports immédiats; la quatrième vous donne la clé de vingt énigmes dont auparavant vous ignoriez jusqu'à l'existence. Une pensée bien méditée en réveille cent en votre ame; à force de l'étudier, chaque page, chaque phrase vous devient familière. C'est un ami que vous vous créez; aux jours de lassitude morale, il vous procure des émotions douces, que de pénibles efforts n'achètent point; et cette relation, dépourvue des gênes, des déboires inévitables que d'autres vous amènent, les surpasse beaucoup en jouissances réelles. — Si le livre est mauvais, rebuté dès les premières lignes, vous tournez à peine trente feuillets, que le volume s'échappe de vos mains, votre esprit indocile saisit avec empressement les occasions de s'écarter du sujet principal, il fuit sous de frivoles prétextes, et rien ne saurait l'arrêter dans sa course capricieuse.

C'est ainsi que, repoussée dès le premier jour de mon arrivée par l'aspect des haillons napolitains, je me suis dérobée à ce spectacle, pour considérer, dans leur vie active, ces hommes dont les heures de loisir s'emploient à écouter les stances du Tasse!

Que les pêcheurs trompent, qu'ils volent, qu'ils soient âpres au gain, autant et plus que le reste de la population, cela est possible, cela est certain même. Mais dans leur tête qu'ils portent si fièrement, mais dans leurs gestes, dans leurs paroles, dans leurs manières, repose je ne sais quel attrait irrésistible. Leurs vêtemens brillans de couleur locale, leurs bateaux qu'au moindre signal ils font voler sur les ondes, ces produits de leur pêche qu'ils apportent à terre et qu'eux-mêmes, jambes nues, mouillés encore par l'eau de la mer, ils vont vendre sur les places publiques sans les remettre à des mains marchandes; ce sont là des particularités dénuées d'intérêt en apparence et qui me captivent. J'ai du plaisir, appuyée sur le parapet qui borde le môle, j'ai du plaisir à contempler ces navires immobiles dans le port, ces ancres colossales, ces câbles démesurés, ces matelots, ces barques. Dans chaque pêcheur, je crois voir un Masaniello; l'animation qu'on remarque là me semble être une promesse pour l'avenir.

J'ai entendu aujourd'hui ces déclamateurs que je cherchais depuis long-temps. Assis sur un banc quadrangulaire, entassés les uns derrière les autres, tendant le cou, dressant les oreilles, ne quittant pas l'orateur de l'œil, vingt à trente bateliers écoutaient la description de je ne sais quel tournoi. Ces physionomies étrangères aux cris du dehors, ces prunelles foncées, épiant les gestes du vieillard qui leur faisait passer avec d'énergiques exclamations les beautés de la poésie italienne, étaient piquantes à voir. — De prodigieuses lunettes sur le nez, un lourd bâton dans les mains, le chapeau sur l'oreille, la brochure sous les yeux : celui-ci chantait sur quatre notes, obstinément les mêmes, la stance qu'il commentait plus tard, s'aidant à la fois du bras, du gourdin, de la tête et de tous les membres. La gravité qui régnait sur les traits des auditeurs, le silence religieusement observé par chacun d'eux, la poitrine oppressée, les fréquens soupirs de plusieurs, disaient assez l'intérêt que leur inspirait cette lecture. Puis, ces hommes qu'un beau vers faisait sourire de plaisir; ces hommes que le récit d'une joute retenait immobiles, palpitans tour-à-tour de crainte ou d'espérance; ces hommes-là étaient sales, ces hommes-là portaient à leurs têtes une main impatiente, et... faut-il le dire?... ces hommes-là... se mouchaient avec leurs doigts!!!...

Tandis que je les considérais :

— « Quoi! » — s'écria un Napolitain dont j'étais accompagnée. — « Quoi!... » — Son regard, qui exprimait la stupéfaction, se fixa sur moi... — « Chez vous?... Dans votre France?... les paysans ne liraient-ils donc pas la Henriade?... »

Je me représentai involontairement nos Tourangeaux, nos Francomtois, nos montagnards des Pyrénées ou des Vosges; en un mot, nos populations des campagnes, rassemblées auprès de quelque magister de village, et consacrant les veillées d'automne à entendre en silence les alexandrins de Voltaire... Cette idée m'arracha un éclat de rire.

Interrompu par l'expression de ma gaîté, l'orateur se retourna brusquement, et avec lui, vingt têtes brunes, dont les sourcils froncés, et les yeux brillans me dictèrent une prompte retraite... Conseil tacite dont je profitai sans retard.

Naples, 17 *février* 1834.

M'égarant dans de sales faubourgs, je parvins hier à San-Gennaro-dei-Poveri, bâtiment qui réunit à la fois une église, un établissement de charité destiné aux vieillards infirmes, un couvent de religieuses et l'entrée des Catacombes. — Sans m'arrêter dans une cour obscure où, tremblans, la peau livide, leurs cheveux blancs tombant en mêches, se traînaient les pensionnaires de la maison, sur le petit manteau bleu dont on les revêt; je me dirigeai vers les voûtes souterraines, rivales de celles que chanta Delille.

Notre guide, choisi parmi les malheureux qui nous entouraient, s'avança dans les profondeurs; nous le suivîmes.

De vastes salles communiquant entre elles par quelques passages étroits, creusés dans les parois, une multitude d'enfoncemens qui offrent l'aspect des rayons d'une bibliothèque; parfois de sombres réduits, dont les dimensions paraissent être celles d'une chapelle; une voûte ornée de deux colonnes et qu'on dit avoir été l'Eglise où priaient les fidèles; un bassin en maçonnerie surmonté d'une couronne de crânes rempli d'ossemens; deux chemins, l'un menant à Pouzzol, l'autre commencé et devant conduire à Capoue; tout cela distribué en deux étages, forme les catacombes.

Pour jouir des impressions que fait naître dans l'âme cette promenade au milieu des tombeaux; pour leur donner cette teinte poétique que le bon sens (l'ennemi de nos rêveries, de nos joies, de notre bonheur), leur enlève avec une infatigable persévérance, il faut y apporter un esprit confiant, je dirai presque crédule. Il faut venir là, ainsi qu'au soir d'un jour d'hiver, on s'approche de la chaumière où les paysans écoutent, dans le recueillement de l'effroi, le récit de la mère grand, qu'interrompent les sifflemens de la bise; il faut non-seulement voir, mais croire: et c'est alors que les catacombes se montrent au visiteur entourées de leurs prestiges !

Pour l'homme raisonnable et raisonneur, qu'est-ce que les catacombes ?... Un cimetière bien entendu. On lui désigne ces cellules malaisées, demeures de cadavres, et frappant de sa canne sur la couche de mortier qui en bouche l'entrée :

— » Voilà d'habiles gens!.. » dit-il — « la puanteur ainsi renfermée devenait inoffensive. »

— « Voyez! » s'écrie le cicérone — « Voyez! —Ici étaient les chambres des chrétiens persécutés; là, vivi, quà, morti! (Là, vivans; ici, morts.) Il désigne deux fosses, l'une creusée dans le terrain, la seconde dans le tuff. L'homme raisonnable réfléchit; il secoue la tête, il entre en se courbant dans la grotte; il tire de sa poche un pied; il mesure, il calcule, et sort en prononçant avec une froideur désespérante ce mot qui a éteint tant de génies, anéanti tant de projets, découragé tant de nobles cœurs; ce mot antagoniste du progrès, des lumières, de la liberté.... IMPOSSIBLE. —

— « Mais une foule innombrable » reprend

le guide en fureur — « Une foule innombrable, innombrable, entendez-vous bien?... habitait, mangeait, buvait, dormait, vivait ici. Saint Janvier prenait chaque jour cette route que Joachim a fait clorre crainte des brigands; et, parvenant à Pouzzol, chaque jour jusqu'à celui de son supplice (ici une génuflexion), il en rapportait de la nourriture pour cent, pour deux cents, pour trois cents chrétiens reclus!... Là, on disait la messe; ici, se trouvait le logement de monseigneur l'évêque. Regardez ce bloc énorme qui empêcha les martyrs de travailler au chemin de Capoue!... Remarquez ces trois marches taillées dans le roc pour monter au lit; plus bas ces trois autres pour descendre à la tombe!... »

— « *Già, Già!* » répond avec un geste de la main l'homme raisonnable, et promenant de nouveau ses yeux sur la surface raboteuse — « Cimetière bien entendu! » — murmure-t-il avec un signe approbatif. — « Per-Bacco!...» — grommèle le cicérone. Il saisit le bras de l'homme raisonnable, il l'entraîne, il traverse avec lui de noirs défilés sans que l'air glacé qu'on y respire, sans que la pâle flamme de la torche, sans que rien au monde puisse l'ébranler. Bientôt il s'arrête, un éclair de triomphe illumine son visage; il dirige sa main décharnée vers un amas d'os entiers, d'os rompus ou en poussière. — « *Ecco !.*» — bégaie-t-il.

— « Hem!.. » fait l'homme raisonnable, en considérant de près un fragment d'omoplate, — « à Naples, bon à rien!... à Paris, on nous en extrait de la gélatine !... » puis il le laisse retomber avec dédain, et se retire pur d'émotion.

Pour l'homme anti-prosaïque, pour celui qui sait le prix de sensations nouvelles, qui se laisse tromper, si d'être trompé lui en procure de semblables, et préfère son ignorance, sa duperie à la sagacité décolorante de l'homme raisonnable; pour celui-là les catacombes seront un trésor. — Que de tableaux ne créeront pas les paroles courtes, éloquentes du cicérone!.. Guidé par lui, il croit voir ce peuple que la foi, que l'amour du Christ soutiennent seuls, errer dans le froid espace dont un rayon du soleil n'a jamais frappé l'air. Il pénètre dans ces cellules, habitations des chrétiens tourmentés. A genoux devant une femme étendue sur le roc ; jetant vers la fosse qui semble s'ouvrir plus large et plus avide, un regard dont la douleur est déchirante; il aperçoit une jeune fille, les mains jointes, le corps incliné, qui veille près de sa mère; il prête l'oreille... il entend sa prière! Sous la gaze qui recouvre son visage, il devine des traits intéressans... une seconde... il va parler, il va s'affliger, pleurer avec elle! Puis, un de ces incidens impoétiques à l'excès; quelque *piccola bottigia*, quelque *beautiful* prononcés à voix stridente viennent dissiper l'illusion. Il s'enfonce mécontent, mais rêveur encore, dans les détours de la ville souterraine. — Chaque pas réveille en lui comme des souvenirs; c'est saint Janvier prêchant à la foule qui s'accumule vers la chaire taillée dans le rocher; c'est une robe blanche qui disparaît derrière cette colonne. Il accompagne de l'œil, dans le sentier mystérieux, ces chrétiens qui retournent à la lumière et marchent à un martyre inévitable; il suit dans tous ses incidens cette vie travaillée par de si cruelles inquiétudes, parsemées de si douces joies; la solitude se peuple, et le voile qui nous rend les formes du passé incertaines, se déchire sous ses yeux.

Au voisinage de l'entassement des débris humains, il sent le froid se glisser dans ses veines. Ses rêveries s'effacent devant cette scène plus grande, plus imposante que les plus grandes, que les plus sublimes rêveries. Volontés fortes, calcul, désirs ardens, rage, amour, tout se tait devant cette réalité dont le contact glace les facultés de l'ame; tout se tait devant la preuve irrécusable de cette vérité à laquelle nous croyons en masse, de loin; et qui, présente, visible, détaillée, nous écrase comme si l'Eternel prononçait pour la première fois sa malédiction sur nos têtes. Tout se tait; et ce silence provisoire est aussi solennel, il est aussi désolant, que le silence séculaire qui doit lui succéder.

Naples, 19 *février* 1834.

La journée d'hier fut une suite d'enchantemens! Ayant abandonné Naples à l'aube, nous visitâmes la côte droite du golfe. Les giroflées croissant dans les parois de tuf qui bordent la route nous laissaient parvenir une odeur suave; les figuiers d'Inde étendaient sur les rocailles leurs feuilles aplaties; les aloës s'élevaient chargés de piquans, vers les plantations de lupins que le paysan avait établies au pied du roc. Les vagues de la mer qui réfléchissaient la splendeur des cieux, venaient l'une après l'autre s'étendre, bouillonner en frémissant sur le rivage et paraissaient charier des saphirs.

Assaillis par la population entière de Pouzzol, nous choisîmes un guide, une torche, un panier d'oranges et quelques pains parmi les cent guides, torches, paniers de pains ou d'oranges qui nous assaillirent ; puis laissant la baie, ses rives animées, nous prîmes le sentier qui serpente autour du Monte-Nuovo. — La fraîcheur que répandait l'ombre de la montagne, ces buissons de lauriers et de myrtes, ces renoncules simples dont les fleurs se penchaient agitées par le souffle du zéphir, ce silence des campagnes qu'interrompait parfois le chant lointain des journaliers, cette paix au sortir des mille bruits joyeux qu'enfante le voisinage, des eaux, tout cela me plaisait.

J'aimais à marcher lentement sur la terre humide encore de rosée; j'aimais à me perdre dans ces douces rêveries de printemps que nous inspire la première pousse de l'arbrisseau, le premier papillon qui nous effleure de son aile, la première violette qui s'épanouit sous la ronce. — J'aimais à m'asseoir sur quelque bloc de pierre, et là, oubliant la course, son but, j'aimais à demeurer sans pensée, recevant des impressions et ne les analysant point, recueillant du bonheur et ne l'effarouchant pas en approchant de lui une loupe indiscrète.

Les flancs de la colline s'affaissaient insensiblement, les rayons du soleil pénétraient jusqu'à nous, tandis que le dernier pan de rocher disparaissait à nos yeux. *Le lac d'A-verne, le lac Lucrin*, la plage, la Méditerranée, séparé de lui par une bande de terre et de misérables habitations de pêcheurs, s'étendirent inopinément devant nous.

Comme il est romantique ce lac que la plume de Virgile illustra!... Cerné par le coteau qui se dessine en amphithéâtre autour de lui, il se trouve abordable seulement du côté de la mer. D'épais bosquets l'environnent; un temple à-demi ruiné projette dans les ondes son image qui tremble sous la brise; la grotte de la Sybille se laisse voir au centre du taillis; des pins maritimes se détachent sur le paysage; le cri plaintif des grenouilles retentit çà et là dans les roseaux qui croissent en touffes sur ses bords, et les souvenirs qui se réveillent rendent la beauté mélancolique de ces lieux plus expressive encore.

Nous arrivâmes sur l'emplacement de Cumes. *L'Arco Felice*, tapissé de pampres, encadre la campagne dans ses vieux pans de murs; leur teinte jaunâtre fait ressortir le coloris du feuillage qui se balance auprès de lui. Bientôt l'amphithéâtre de Cumes dont les gradins sont détruits, et l'arène occupée par un champ de blé; bientôt le lac Fusaro, la forêt nommée chasse royale, une tour crénelée, des ondes tranquilles et d'un bleu pâle succédèrent aux majestueuses vues de mer que nous quittions, et pour cet instant leur furent préférés.

Au lac Fusaro, depuis le lac Fusaro, les jouissances redoublent. Rien ne peut se comparer à cette plage parsemée de coquilles: la nacre, les plus vives nuances, les formes les plus élégantes couvrent le terrain. C'est une perfection dans les détails qu'on ne se lasse point d'admirer; ce sont des plis, des rainures, brillant aux feux du soleil; c'est tour-à-tour le rose-tendre, le gris, le jaune, le brun, le rouge, et ces teintes diverses réunies sur un même coquillage. De petits crabes, nichés dans l'habitation délaissée par quelque huître, s'élancent au-dehors, puis rentrent, et se cachent au moindre bruit.

Une foule d'insectes parcourent la grève; d'épais lits d'herbes marines s'agitent doucement soulevés par la vague; tout scintille, tout vit, tout se meut, et l'on ne peut s'arracher à ces merveilles de la nature. Cependant Baya, ses temples ruinés, son château qui domine la mer ; Baya, son port, son môle, ses barques de pêcheurs, ses vaisseaux qu'on radoube ; Baya, en face d'elle la ville de Pouzzol, qui s'appuye contre les rochers dont est bordée la côte opposée, en face d'elle le Vésuve, Castell'mare, Sorrento, Capri, Nisida; en face d'elle soixante navires dont les voiles se dessinent éclatantes sur les flots; la splendide Baya efface le reste; elle émeut jusqu'aux larmes.

Les chambres de Vénus, appartemens souterrains dont on fait admirer les sculptures à la lueur de torches enflammées, le temple de Mercure, rotonde crevassée dans laquelle s'entrelacent des guirlandes de lierre et de pampre ; celui de Diane, voûte adossée au coteau, sont curieux à voir. Mais le temple de Vénus les surpasse par sa forme et par sa position. Placé sur une éminence, non loin de la mer, il s'élève entouré de lauriers-thym, couronné de verdure ; une foule de plantes grimpantes qui s'attachent en larges draperies à ses arcades dégradées forment un contraste heureux avec la rade qu'on apperçoit au travers de ses ruines, et le château de Baya, qui s'avance dans le fond, porté par une masse de tuf grisâtre, achève de rendre cette vue idéalement belle.

Il est impossible de peindre une telle nature; c'est cette fraîcheur, c'est ce velouté d'une fleur qu'on vient de cueillir et que le pinceau ne saurait fixer sur le vélin; ce sont les feuilles découpées de l'acanthe dont les contours se retrouvent dans la plupart des bas-reliefs antiques; c'est la fougère qui se berce gracieuse et flexible au sommet de la ruine; c'est le ciel, c'est l'atmosphère, c'est l'intérêt qu'on ressent à voir ces débris de la ville naguère si riche en plaisirs; c'est cette tristesse qu'inspire la mort, et qui s'évanouit, dissipée par la magnificence si libéralement déployée en ces lieux; ce sont vingt sensations passagères qui s'évaporent avant qu'on ait eu le temps de les savourer et vous laissent, en fuyant, un vague ressouvenir de bonheur; c'est un admirable rêve avec sa poésie, avec ses impossibilités accomplies: puis c'est le réveil, c'est l'image qui s'envole, qu'on cherche à retenir, c'est l'inutilité des essais, ce sont les longs regrets!...

Une barque, louée à Baya, nous fit aborder vers la tombe d'Agrippine. Cette station me paraît être un des sacrifices à l'itinéraire, à la cupidité publique, à la niaiserie des voyageurs précédens, que chaque semaine, chaque course, je dirais presque chaque jour ramène pour l'étranger. Luttant contre un vent léger, nous poursuivîmes notre promenade. Les côtes, ces *villa* d'hommes célèbres dont une colonne, un vieux pan de mur demeurent seul ; le rivage couvert de femmes qui attendent le passager, ainsi que le vautour sa proie, et fondant sur lui, une assiette pleine de cailloux aux mains, le persécutent : ces troupes d'enfans nus, qui suivent ses pas, obstruent le chemin, et l'étourdissent par cette exclamation naïve: « *Oh!... quanto siete bella... date mi qua cosa...** » Tout faisait tableau, tout fuyait sous nos yeux, pendant que les bateliers s'efforçant de surmonter la vague s'écriaient d'une même voix : « *Corragio, corragio! seù pernistrio signe' che ci pagheran bottiglia*** ! »

---

* Oh! combien vous êtes belle !... donnez-moi quelque chose !...

** Courage !... courage !... alerte ! pour nos seigneurs qui nous paieront bouteille !

Nous mîmes de nouveau pied à terre, et ce fut à grand peine que, nous faisant jour au milieu des mains tendues qui nous barraient le passage, nous nous rendîmes à travers les vergers de citroniers, les champs de pois ou fèves en fleurs auprès des *cento camerelle*, dont dix huit sont ouvertes à la curiosité des étrangers. Les harpies mâles et femelles dont nous étions escortés, nous laissèrent à l'entrée pittoresque du bâtiment, nous descendîmes sous ces voûtes dont l'aspect extérieur offre plutôt celui d'une grotte ombragée qu'aucun autre.

— « Là!... » me dit le guide dans son patois, tandis que nous visitions une vaste salle soutenue par quelques colonnes; — « Là était le corps-de-garde de Néron. *Giù* (en bas) » il montrait le terrain en fronçant le sourcil,
— » Giù!... les cachots!... Quand Néron était de mauvaise humeur — car il n'avait pas un bon caractère, cet homme là. — Quand donc il s'ennuyait... » notre Cicérone se promenait, la bouche en avant, les bras croisés, le regard maussade « — Il venait ici... : — Qu'on pende un prisonnier!... disait-il *broutolando* (en grommelant) Qu'on pende un prisonnier! — de là bas, on tirait un homme blême, les

cheveux hérissés, la barbe longue; à cet anneau, *veniva impicato* (on l'étranglait) et de là.. — il désignait le lac de *mer morte*, les bosquets qui se pressent sur ses rivages...
— De là... arrivait Caron sur sa barque; il recueillait l'ame de la victime, et la guidait de suite aux Champs-Elysées, sur la colline que gravit ce troupeau !.. »

Nous sortimes, les mendians de Bacola (c'est-à-dire la population entière) nous accompagnèrent à la *Piscine admirable*, dont l'intérieur garni de verdure étonne par la hardiesse de sa construction; plus tard ils nous suivirent au cap Mysène, d'où les invectives de notre Cicérone les chassèrent enfin.

Rien de persévérant comme cette peuplade. — *Date mi qua cosa?* est la première phrase que balbutie l'enfant dans son bercean. Femmes, hommes, jeunes filles, tous la prononcent à votre approche, et l'étranger, ignorant la langue serait tenté de la prendre pour une salutation, tant elle se reproduit sur son passage. Celui-ci, ramassant un fragment de rocher, essaie de vous le vendre, c'est l'anse d'une cruche cassée que vous présente celui-là; cet autre vous court sus, un bouquet d'herbes à la main, et l'unique moyen de se défaire d'une aussi fastidieuse société, c'est de ramasser, d'offrir, de demander à son tour. Un rire général éclate; alors les physionomies s'épanouissent, les bras reprennent une position perpendiculaire et l'on jouit de quelque repos.

Nous remontâmes en bateau jusqu'au *stufé di Nérone.* — Enfoncée dans le roc, une ouverture de grandeur moyenne exhale des vapeurs brûlantes, aboutit au puits où les flots de la mer bouillonnent réchauffés par un feu souterrain. Le Cicérone de l'endroit, chargé d'un seau, dépouillé d'une partie de ses vêtemens, se précipita dans ces exhalaisons blanchâtres. Au signal donné par notre guide commencèrent des lamentations désolantes.

— « Ouh !.. » — criait le compère :

— « Ouh !.. ouh !.. ouh !.. ouh !.. » — répétait le martyr d'une voix agonisante, en râlant comme si ses angoisses eussent été les dernières.

— « *Vedete quanto grida!* » — reprenait le guide en larmoyant.

— « *Povero!.. povero!...* »

Trois minutes ne s'écoulèrent pas qu'on vit reparaître le Cicérone avec son seau rempli d'eau bouillante.

— « *Misero me!* » — bégaya-t-il en se jetant à plat ventre sur le terrain. Puis il redoubla ses gémissemens, et personne ne put obtenir un mot de lui. Quelques carlins le récompensèrent de ses fatigues, à peine les eut-il touchés du bout des doigts que sautant sur ses deux pieds.

« *Come!..* » — hurla-t-il — « *son morto e mi date soltanto questo?... ah! ferocita !... barbaria*!...* » — Quittant l'homme *morto* qui tournait sur lui même en gesticulant, nous fûmes au lac Lucrin. — Ainsi que celui d'Averne, il perd beaucoup à être vu de près. Après Baya, ses bords sombres ne semblent plus être qu'humides, mal-sains, et l'on s'empresse de les fuir.

La grotte de la Sybille me rappela celle de Pausilipe, moins la lumière du jour et le tumulte. Pausilipe, c'est l'enfer peuplé; le souterrain du lac d'Averne, c'est l'enfer désert.

Le vent du soir enflait notre voile; nous traversâmes le golfe éclairé par le soleil couchant dont les rayons glissaient sur elle. Au loin, un bateau à vapeur majestueux, partait

---

* Comment! je suis mort, et vous ne me donnez que cela?... Ah! férocité!... barbarie!...

en dévoloppant une longue colonne de fumée, que la brise étendait dans les airs, et le chant plaintif que murmuraient à demi-voix nos mariniers, troublait seul la paix de cette heure. Penchée sur le bord de la nacelle, je laissais mes regards s'enfoncer dans les eaux. La croupe arrondie du *Monte nuovo*, *l'arco felice*, le lac *Musaro*, sa grève brillante de coquillages; *Baya*, *Mysène*, repassaient devant moi. Je sentais comme l'écho de mes premières impressions; le bruit des vagues qui battaient contre les parois de l'embarcation, le mouvement uniforme et cadencé des rames, les faibles lueurs de la lune qui se mêlaient aux clartés mourantes oubliées sur l'horizon par le soleil; ce retour, cette longue rêverie furent plus doux à mon ame que la journée entière avec les trésors qu'elle nous avait dévoilés.

CHAPITRE XXIV.

LA STRADA NUOVA. — SAINT-MARTIN. — CASERTE.

Naples, 23 février 1834.

Le carême a commencé depuis quinze jours environ. Pas de bals, pas de raouts dans les salons, point de dominos dans les rues ; mais en revanche, la foule parée des salons à la *strada nuova,* et dans la ville une multitude de moines dont le masque est d'un plus haut comique peut-être que ceux de San-Carlo au temps de carnaval. — Une semaine durant, les théâtres ont été fermés. La place Médine, veuve de Polichinelle, restait déserte, d'épouvantables assemblages de couleurs ardentes, représentant de pauvres ames livrées aux flammes du purgatoire se reproduisaient à l'infini; et, tandis que le peuple des rues allait chercher dans les églises des distractions qu'il ne pouvait trouver ailleurs, le peuple des palais envahissait les promenades, étalant au soleil les vanités et les richesses dont celui-ci ternit l'éclat emprunté.

La *strada nuova*, route magnifique établie sur la rive droite du golfe, est maintenant le rendez-vous de tout ce que Naples possède d'élégant. C'est là que s'élevant par une pente insensible au-dessus de la mer qui se balance étincelante au pied du promontoire; c'est là que, vis-à-vis du Vésuve, vis-à-vis du cap, vis-à-vis du pays enchanteur qui entoure Sorrento; c'est là que, devant les ruines du palais de *donn'Anna*, devant ces pans de murs grisâtres, baignés par les ondes, c'est là que, près du lilas qui se couvre de jeunes feuilles, près de l'accacia dont les grappes tombent odorantes; c'est là qu'au printemps qui naît, au printemps qui parfume l'air, au printemps qu'on respire, viennent s'étaler dans leurs atours, ces femmes qu'une saison de frivolité n'a pas rassasiées. Il faut y voir blottie dans sa voiture, traînée par quatre chevaux, précédée d'un escadron de *dandys*, et fêtée plus qu'aucune femme à la mode, la vieille lady D...., dont les sourires sont sollicités avec une ardeur sans pareille, et qui possède, en la personne de son banquier, un véritable élixir d'amour. — Il faut voir, montée sur le *pony* de rigueur, coiffée d'un chapeau d'homme, une canne à la main, rouge, échevélée, la miss qui s'élance, suivie de ses danseurs habitués, et les défie à la course après les avoir éprouvés au bal, — Il faut entendre ces petits cris, ces mots, ces phrases de salons dont les sons mêlés à la voix des vagues forment une insupportable dissonance. Les redingotes de velours, les fleurs artificielles, les chevaux qu'on fait cabrer sous soi, les graces ridicules d'un cavalier qui voltige sur sa selle le corps en avant, la poitrine haletante; tout cela passe, caracole sous vos yeux. Votre tableau devient une croûte, les joies que promettait un beau jour se changent en dépit; et, l'humeur noire, le cœur serré, vous fuyez ces rochers transformés pour l'heure, en salle d'exposition ou plutôt de concours.

Naples, 24 février 1834.

Le couvent de St-Martin, situé sur le coteau de Saint-Elme, près du fort, est un curieux édifice. Sa position, qui égale en beauté celle de la forteresse, permet aux yeux de planer sur le pays. Converti en hospice sous Murat, il est demeuré seul privé de ses moines entre les couvens rétablis par les Bourbons. Ses salles ornées avec luxe sont abandonnées, et de vieux soldats aux moustaches grises se traînent sous les arcades où marchaient silencieusement les hommes tonsurés.

Couverte de cerisiers, d'amandiers et de pêchers en fleurs, on eût dit la colline parée pour une fête; la teinte brune de la terre disparaissait sous les pétales rosés que semaient autour d'elles les branches agitées par la tramontane.

Vue de là haut, la ville, ses toits plats, ses rues ténébreuses, profondes, ainsi que des crevasses dans le roc; le sourd mugissement qui monte du fond de ses conduits noirs, cette agitation entremêlée de cris plus aigus, que l'on entend et dont on ne peut voir la cause, retracent l'image de quelque séjour infernal où se pressent les ames damnées.

Le port, comparé à la mer, ressemble aux petits lacs que creusent les enfans dans le sable de la plage; les vaisseaux, les édifices presque imperceptibles, rappellent ces villes formées de menues pièces de bois qui nous arrivent d'Allemagne, aux environs du premier jour de l'an. — D'un regard, on embrasse l'étendue qui contient un million d'ames, et l'on frémit à l'idée des passions, des vices, des tortures renfermées dans un si étroit espace. L'humanité perd à être considérée de Saint-Elme. Au sein du calme de la nature ce mouvement ne semble que folie; un arbre, une plante, un vermisseau, paraissent plus grands dans l'ordre de la création que l'homme, tel que le fait notre civilisation.... notre corruption, veux-je dire. La vie se déroule si courte, qu'un sourire de pitié vient errer sur les lèvres...... Puis on tressaille! On jette sur soi-même un regard étonné; et une larme remplace le sourire, car on se sent homme aussi....

Des salles pavées en mosaïques, des lambris en marbres précieux, des tableaux de grands maîtres, des tentures magnifiques, des plafonds peints à fresques, une église scintillante d'or et de pierres fines, c'est là ce qui compose l'intérieur du couvent et donne une juste idée de la splendeur monastique!

On croit voir encore défiler, orgueilleux, et la figure empreinte d'égoïsme, ces prêtres dont l'existence s'écoulait dans la mollesse. On croit, en passant sous ces voûtes mystérieuses, assister à leurs conseils secrets. Il semble que, du haut de la montagne, enfouis dans leur cage dorée, dominant les hommes, ils les dirigeassent à leur gré. On s'irrite en songeant aux sommes immenses dévolues aux malheureux qui s'éteignent dans l'oisiveté des cloîtres. — On s'irrite à l'aspect de ces panneaux revêtus d'ornemens, de ces colonnes de porphyre, de ces portières soyeuses, de ces statues, de ces arceaux, de ces pompes inutiles. On reporte sa pensée sur les haillons, sur les corps maigres, sales et nus, de la population affamée qui implore du pain, cherche, aux temps d'orage, un abri sous les murs crevassés qui lui servent d'habitation et ne le trouve pas; qui vit d'une demi-vie incertaine, soutenue seulement par les rares aumônes de l'étranger; puis meurt, meurt dans sa misère, meurt dans son ignorance ; se voit succéder une autre génération sale, nue, misérable, affamée, ignorante comme elle, sans que rien vienne changer l'ordre social qui l'avilit!...... C'est alors qu'une malédiction sort des lèvres pour fondre sur ce même ordre social qui perd les ames, et ne songe pas que Dieu l'a rendu responsable de ces hommes qu'il fait esclaves...... de ces hommes qui le font, lui, criminel !

Naples, 26 *février* 1834.

Il est des jours où la vue du soleil importune. Rien qui provoque la tristesse comme cette teinte de bonheur qu'il projette sur la terre, comme cette joie qu'on dirait briller dans chaque fleur entr'ouverte, comme cette clarté vive qui enchâsse la nature entière, et, parvenant à ses moindres détails, les fait ressortir plus étonnans encore.

Il est telle sensation intérieure que ce spectacle rend amère. Ces rayons éblouissans, s'ils tombent dans une ame où il fait sombre, la glacent, en formant avec elle une opposition fâcheuse ; c'est l'or du riche près des guenilles du pauvre ; c'est la visite de l'homme libre et curieux dans le cachot de l'homme condamné à mort; c'est le contraste que produit cette vie, et sa force, et son activité, et son grand avenir; avec cette mort, avec ses renonciations, avec sa paix qui trouble, avec son éternité dont les mystères sont enveloppés d'une vapeur opaque, uniforme à la pensée; c'est le cri déchirant que pousse la victime des justes de la terre; c'est haine, c'est désespoir!

Je me trouvais dans cette disposition là, quand je partis hier pour Caserte. Chagrine, dirigeant sur les choses du dehors une loupe que j'avais couverte de crêpe noir, je me dérobais à la lueur indiscrète qui semblait vouloir s'insinuer au-dedans de moi et dissiper cette brume morale dont je me servais comme d'un bouclier pour me protéger contre toute impression agréable.

Quitter Naples pour quelques heures m'était pénible; ce départ précédait de dix jours celui qui doit m'éloigner de ses murs; la cité m'apparaissait entourée de cette auréole dorée que prête le souvenir aux choses du passé; je la voyais belle... car je la voyais perdue, et je sentais un reflet des regrets qui m'assailliront plus tard.

Je l'aimais, comme on aime ces femmes dont les défauts frappent dès l'abord, que l'on quitte presqu'avec plaisir, auprès desquelles on retourne je ne sais pourquoi ; qui s'emparent peu à peu de vos pensées, qui vous attachent insensiblement à elles en vous séduisant par cela même que vous haïssiez, et qui maitrisent si habilement votre cœur que vous ignorez jusqu'au changement qui s'est opéré en lui. Des semaines, des mois, des années peut-être s'écouleront paisibles ; mais qu'une circonstance imprévue vienne à rompre le cours de vos habitudes, à vous séparer de cette femme ; et ce bonheur illusoire fuira devant votre passion qu'un instant aura faite indomptable... Cette heure était arrivée pour moi.

Les flancs arides des montagnes environnantes, les plantations de mûriers et d'oliviers ; le visage basané, la physionomie spirituelle du villageois me retraçaient les campagnes du Midi de la France, leurs habitans. Hélas ! ces scènes riantes s'offraient en vain à mes yeux ; je ne pouvais, je ne voulais rien voir ; et le parfum des fleurs ; la fraîcheur du bosquet de chênes verts, la vue des monts qui s'élevaient en amphithéâtre, le costume des femmes, la chaleur de l'atmosphère que tempérait la bise, tout m'était à charge.

Cependant nous parvînmes devant l'aqueduc qui transporte d'une colline à l'autre les eaux dont Caserte s'embellit plus tard. L'admiration me saisit à l'aspect de ces trois rangs d'arches élégamment échelonneés. Des prairies, quelques sommets neigeux, ligne blanche qui étincelle à l'horizon, sont encadrés par les arceaux, dont la partie inférieure se découpe sur le paysage. Un sourd murmure d'eau accompagne le bruit du vent qui se brise contre les murs de l'aqueduc ou s'engouffre dans ses voûtes, tandis que sa grande ombre parsemée de taches de lumière, se prolonge vers la plaine.

Ce travail d'architecture jeté au sein d'une nature sauvage est d'un merveilleux effet. Je lui préfère le pont du Gard. Il y a dans les blocs énormes qui composent le dernier; il y a dans ces arches si larges, si hautes si épaisses; une majesté qu'on ne saurait atteindre. Si l'un fascine au premier abord, l'autre écrase par le souvenir, et le peuple roi a imprimé sur son œuvre un sceau que le peuple dégénéré ne saurait contrefaire.

Une suite de vallées, une suite de petits villages environnés de bosquets, communiquant l'un à l'autre par des sentiers ombreux; un couvent de capucins placé sur la hauteur; son clocher blanc, sa croix élancée, se succédèrent durant l'espace qui sépare *Maddalona de Sàn Leucio*.

Si l'aqueduc avait dissipé mon humeur maussade, San - Leucio, Caserte surtout, la rappelèrent. Des bâtimens, des terrasses, des arbres torturés, une cascade ou plutôt un escalier d'eau qui descend de la colline au palais, forme une perpective d'une lieue, et me fait à l'heure qu'il est bâiller d'ennui; des allées tracées au cordeau, des pelouses triangulaires, rectangulaires, octogones, hexagones, pentagones; des statues solitaires, des statues pensives, des statues rassemblées et faisant raout; tel est Caserte, tel est à peu près San-Leucio. Le spectacle d'une nature que poursuit l'art jusque dans ses derniers retranchemens; de lourdes bâtisses, des pins, des chênes mutilés qu'on dirait de loin être la démonstration de quelque problème géométrique, cet ensemble entouré de pics, de bois, de prés agrestes, m'inspira une indignation que ne purent diminuer ni les fabriques de San-Leucio, ni le jardin anglais, ni son temple ruiné; ni ses cignes qui voguent sur l'onde calme, leurs ailes légèrement gonflées et pures comme les pétales du nénuphar blanc.

Je croyais assister à une invasion de vertugadins dans le hameau. Les habits brodés d'or, les chapeaux à trois cornes, l'épée au côté, les marquis, les abbés, les engageantes, la poudre, les mouches se peignaient à ma pensée; sur les bords de la cascade, il me semblait entendre une déclaration faite à la manière de mademoiselle Scudéri; le labyrinthe de chênes verts se peuplait d'amours en perruques à marteaux, de bergères en casaquins de satin rose, de bergers la houlette parée de rubans bleus aux mains!... C'était *Versailles* moins son Louis XIV, Versailles moins ses souvenirs; et laissant à peine tomber un regard sur ces appartemens, sur ces meubles, sur ces tapis, sur ces parquets, sur ce clinquant auquel un mot seul prête quelque relief, je m'enfonçai dans ma chaise de poste tourmentée par un spleen véritable.

Comme la nuit était calme! que d'étoiles au ciel! sur la terre quelle douce teinte!

Le Vésuve vomissait des gerbes de flammes et sur ses flancs on voyait serpenter une longue file de points lumineux. Des journaliers, la bêche sur l'épaule, revenaient des champs en fredonnant quelque chanson populaire. Une image de la Vierge, que deux lampes éclairaient, se présentait dans les bourgs aux prières des passagers, et parfois une femme, un enfant, de jeunes filles s'agenouillaient devant elle, tandis que, réunis sur la place, les hommes, drapés dans leur manteaux bruns, discouraient entre eux avec une énergie de gestes vraiment locale.

Un espace de temps considérable s'écoula de la sorte; puis l'éclat de mille flambeaux frappa mes regards; les roues rencontrèrent de nouveau le pavé, de nouveau le fouet des postillons retentit dans le tumulte de la foule; je tressaillis; je m'élançai à la portière; et l'émotion qu'on ressent à revoir un être qu'on aime, à retrouver ses traits, à s'assurer que l'absence n'a pas diminué un seul de leurs charmes, cette émotion m'ébranla. La population bruyante et déguenillée nous pressa de toutes parts; je vis les mariniers avec leurs lumignons étaler dans les rues le résultat de la pêche du soir; je vis l'Aquatojo offrir au peuple ses pyramides d'oranges pelées et ses flacons remplis de liqueurs; je vis les corricoli, les fiacres, les padovanes, les demi-fortunes fendre la presse et courir plus rapides que la pensée; je vis Tolède, je vis ses boutiques de pâtissiers dont les parois, tapissées de casseroles, renvoyaient au-dehors des feux aussi rouges que ceux du soleil à son couchant. Les mendians m'assiégèrent, les cris de *piccola moneta* m'assourdirent, la chaise de poste en un instant fut encombrée de bouquets de violettes; deux manchots me présentèrent la main au sortir de la voiture, et promenant autour de moi des yeux humides, je balbutiai d'une voix attendrie: « Naples.... Naples! »

CHAPITRE XXV.

VIE DE NAPLES. — LES STUDII. — SERAGLIO.

Naples, 1ᵉʳ mars 1834.

Les heures passent ici avec une inconcevable rapidité. Dans le jour, on se traîne languissamment de curiosités en curiosités; on va chercher l'ombre vers le soir; on jette de côté et d'autre quelques regards assoupis; puis on se repose de n'avoir rien fait; on ne pense point, on ne lit point, on ne dort pas même, mais on rêve, on s'étend sur un sopha moëlleux, et là un sourire de paresse sur les lèvres, la paupière demi-close, la tête appuyée contre le bras qui se replie sous elle, on végète; les journées s'accumulent, et la vie fuit ainsi que fuient les eaux limpides d'une source, sur le tapis de mousse qui leur sert de lit.

De discussions, de nouvelles politiques, pas une seule; les dernières, lorsqu'elles s'échappent des griffes de la censure, ont cessé de l'être, et chacun s'abstient des premières.

Lire les journaux!.... c'est du luxe; parler de leur contenu serait presque un manque de savoir vivre.

— « Avez-vous parcouru la gazette des Deux-Siciles ?.... demande au bal un diplomate à son confrère.

« Non !... qu'y a-t-il ?... »

— « Pouh !... »—ici un haussement d'épaules— « Pas grand chose; une insurrection des Italiens exilés. »

— « Ah !...... » — reprend l'autre en suivant de l'œil quelque jolie femme. « C'est drôle !.... » Puis « Avez-vous remarqué la robe de la reine?.... ravissant, mon cher! figurez-vous un fond jaune paille; non, plus clair, plus indécis, plus incertain encore que jaune paille; là-dessus, une guirlande délicate, brodée en soie verte; mais d'un vert!... venez voir ça.... —» Et les deux interlocuteurs s'élancent à la poursuite du vêtement royal.

De nouvelles, de discussions littéraires, pas davantage. Les impôts et la censure arrêtent à la frontière les nonante-neuf centièmes de nos in-octavo. Point d'Heures du soir, ou d'Heures du matin; point de livres des Conteurs, des Conteuses, et des Cent-et-un, point de ces couvertures café au lait, gris de perle, roses ou bleues qui ajoutant au prestige des lettres gothiques entassées sur leur surface et savamment étalées derrière les vitraux d'une librairie, excitent la curiosité du passant, l'attirent, le font dupe. D'Hugo, on s'en occupe peu ou pas; de Mérimée, on en ignore l'existence; les noms de Sainte-Beuve, d'Alfred de Vigny, de Dumas, de Jules Janin, n'ont point de tout cet hiver frappé mes oreilles, et quant à la masse des femmes de génie dont la France est favorisée à cette heure, on ne s'en doute guères.

La musique étrangère en est au même point. On se souvient d'avoir autrefois entendu exécuter une symphonie de Beethoven; de temps à autre on relit deux ou trois sonates du même auteur. On sait vaguement qu'un certain Weber a composé une certaine ouverture du *Freyshütz*. Mayerbeer et son *Crociato* dénotent une espèce de talent. Sans je ne sais quelle perruque italienne qui lui prêta ses motifs brillans, Mozart n'eût point existé on l'assure; puis on déclare que Rossini, Bellini, Donizetti, Mercadante, Cimarosa, Pacini, sont les seuls *maestri* du monde; on écoute leurs œuvres comme telles, et l'on dort sur les deux oreilles sans que nul songe à en appeler de ce jugement. Nos célébrités sont ici des nullités, ce que nous appelons renaissance, à Naples on le nomme ouvertement décadence; nos révolutions font fort peu d'enthousiastes; et tant littéraire que politique, on les dit toutes deux manquées. — D'ailleurs, on oublie bien vite ce qui pourrait troubler le *dolce far niente* si cher aux Napolitains; quelques hommes de cour rongés par une insatiable ambition, quelques jeunes gens envieux de liberté, qui s'indignent à voir les maux de leur pays, et ne peuvent étancher le sang qui coule de ses plaies, exceptés; chacun (depuis le pêcheur à jambes nues qui se roule dans la poussière, jusqu'au prince emprisonné dans un frac qui se laisse choir sur un divan) chacun est heureux d'un bonheur léthargique, d'un bonheur humble, désolant à connaître, car c'est lui qui effémine l'ame, c'est lui qui étouffe l'amour de la patrie, fait de l'Italie une terre asservie, de l'Italien un serf.

Naples, 2 mars 1834.

Pour la cinquième fois, j'ai visité les *Studi*, passant en revue et poterie, et verrerie, et ustensiles, et comestibles, et salle dite égyptienne, et salle des tableaux, des objets chinois, farnésiens..... etc..... etc..... finalement le musée entier!....

Sans doute il est beau de savoir apprécier de telles richesses; obéir exactement au catalogue offrirait un grand intérêt à l'homme assez fort d'ame et de corps pour entreprendre ce travail.—Mais quant à une ignorante; quant à cette même ignorante qui dédaignait les antiquités de Sienne, et maintenant se déclare parfaitement incapable d'estimer à sa juste valeur le prix d'un lacrymatoire, celui d'une amphore ou d'un dieu lare; les courses fréquentes aux Studi lui sont une croix, elle l'avoue franchement.

— « Eh !.... » —me dira-t-on— « Qu'êtes-vous donc allé faire en Italie? » —Admirer une nature sublime, réchauffer et mon cœur et mon imagination aux rayons d'un soleil méridional; observer un peuple étranger; contempler ces pittoresques, ces nobles ruines qu'éclairent la lumière des cieux, mais non m'ensevelir par un beau jour de printemps au fond de salles froides, sombres; mais non m'appliquer sottement à de fastidieuses minuties, tandis que la mer, Pouzzol, ses temples ; tandis que les îles, Sorrento, Castell'mare se déploient devant moi, devant moi qui vais les quitter pour toujours.

Et, il faut le dire, si deux ou trois séances aux Studi sont intéressantes au-dessus de toute expression; si la vue du taureau, de l'Hercule Farnèse; si un coup d'œil rapide jeté sur la masse des statues, si trois ou quatre heures employées à considérer la foule des objets trouvés à Pompeï, à Herculanum, à Stabie, font naître en nous des idées nouvelles; rien qui lasse comme un tems trop long consacré à cette analyse.

S'arrêter devant un bloc de marbre taillé par quelque main inexpérimentée en façon d'homme, de faune, de danseuse, de prêtresse ou d'empereur; lever la tête, suivre ces traits dans leurs contours; consulter l'itinéraire sur le degré d'admiration qu'il permet de ressentir; prêter à la salle des petits bronzes, à celle des fresques, à celle des mosaïques, aux cinquante autres, la même attention scrupuleuse; comparer entre eux les milliards de lampes, de clous, de morceaux de fer, de coupes qui y sont contenus; puis lorsqu'on a l'esprit fatigué, lorsque bronzes, marbres, terraille, feraille, confondus dans notre pauvre cerveau ne nous arrachent plus qu'un soupir d'ennui; courir la collection des tableaux, examiner chacun des coups de pinceaux inspirés par le démon à ces peintres maudits sans qu'un être chrétien vienne vous enlever à ce supplice pour vous guider auprès des Salvator Rosa, des Rubens, des Titien, des Carrache, qu'on y découvre après trois jours de recherches; ah ! c'est là une œuvre essentiellement niaise, une œuvre destructive de nos plus heureuses impressions, une œuvre que l'on ne peut accomplir sans un frémissement d'impatience.

Qu'un admirateur des beaux-arts vous entretienne de l'Hercule Farnèse après une semblable épreuve!

— « L'Hercule Farnèse... » — pensez-vous; effacée par d'autres, ensevelie dans votre mémoire sous un amas de têtes, et de corps, la statue vous apparaît escortée des déboires qu'il vous a fallu essuyer avant d'arriver jusqu'à elle; un bâillement involontaire excité par la puissance du souvenir répond seul aux exclamations de l'interlocuteur.

Un tableau du Titien, c'est pour vous un torticoli insupportable; une fresque, une mosaïque, c'est une forte migraine; le musée égyptien, un froid glacial; chaque salle vous rappelle une douleur; les Studi vous semblent la réunion de tous les maux; et de vos sensations qui, sans une soumission aveugle à l'opinion d'autrui, eussent été pleines de charme; une seule vous demeure... celle de la souffrance.

Naples, 3 mars 1834.

L'*Albergho Reale* ou *Seraglio* est une de ces curiosités que le voyageur, esclave de la fausse honte et du Cicerone, ne peut se dispenser de connaître.

— « Que répondrai-je? » — se dit-on — « Que répondrai-je à cette question : avez-vous visité telle ruine, telle manufacture, telle grotte, telle source?... »

On frémit! en dépit de soi-même, en dépit de mille tendances paresseuses, en dépit de l'amour du chez soi, de la vie fainéante que crée l'Italie et son climat, on abandonne son fauteuil, on laisse sans y entrer ses allées touffues de Villa-Réale, on traverse précipitamment ces rues populeuses que long-temps on a boudées, et dont tout plaît à cette heure. Tremblant que des demandes indiscrètes ne revèlent une insouciance dont la médiocrité d'esprit paraîtrait être la cause, on se hâte, on frappe tour à tour à la porte d'un temple, d'un collége, d'une maison de charité; on sacrifie une matinée chaude, poétique, une de ces matinées que Naples possède seule, et qu'on ne saurait retrouver chez soi, à considérer ce qui chez soi, n'attirerait pas un coup d'œil, n'occuperait pas un loisir. On ajoute follement la trace de ses pas à celles qui en ont trompé, qui en tromperont tant d'autres.

Le Seraglio situé près des Studi m'a ravi les trois-quarts d'une journée splendide. J'ai assisté aux examens qu'on fait subir aux enfans; ils ont exercé devant moi les divers métiers qu'on leur enseigne et mangé le maigre potage qui leur sert de nourriture deux fois le jour; j'ai parcouru les dortoirs, les écoles, les chambres de travail, les vastes corridors, voûtes obscures qui inspirent une tristesse mortelle. J'ai vu le théâtre, confortabilité que j'étais loin de soupçonner là, et je n'ai point éprouvé cette douce joie qu'on ressent à voir la partie souffrante, souvent honteuse de l'humanité, secourue et consolée... La manière dont cet établissement est administré n'a rien de paternel; tout s'y fait militairement; le son du tambour résonne sans cesse dans ces murs; des châtimens sévères punissent des fautes sans gravité; le cachot, la bastonade, les fers, ramènent les coupables au devoir; et le dimanche un sermon, deux messes par jour en temps de carême sont les seules ressources religieuses qu'on accorde aux détenus.

Les vieillards, pour la plupart recueillis dans les rues, promenaient autour d'eux des regards mécontens; les enfans ne donnaient pas ces signes d'une gaité franche qu'il coûte si peu d'exciter dans de jeunes cœurs; le silence, la gêne, une espèce de désordre moral m'ont paru régner là, et je n'ai rencontré sur aucune physionomie cette sérénité, fruit d'une administration bien entendue, que j'avais remarqué chez les pensionnaires de plusieurs hospices du même genre.

Il est à regretter que le système pénitentiaire ne soit point adopté dans un établissement où (quelques salles basses et humides exceptées) le local ne laisse rien à désirer. Ouvrir les ames à des sentimens généreux; porter remède à celles que le vice a gangrénées; saisir cette œuvre sous un point de vue chrétien; changer le Seraglio en un purgatoire terrestre, d'où les hommes sortissent renouvelés, propres à servir leur patrie, à la régénérer peu à peu; faire passer au creuset cette écume sociale dont la ville est souillée, créer ainsi et par degrés une population nouvelle, formerait une entreprise méritoire que le succès couronnerait probablement. Mais encourager l'instruction, travailler au réveil du peuple serait presque risquer une constitution, et le progrès à Naples ne marche que soutenu sur deux béquilles... ou pour mieux dire, ne marche pas.

CHAPITRE XXVI.

SALERNE. — PÆSTUM. — MON HOTESSE ET SON HISTOIRE.

Salerne, 5 mars 1834.

C'est aujourd'hui que nous avons commencé notre pélerinage à Pestum. Une chaleur suffocante, une poussière que les coricoli soulevaient en tourbillons et nous envoyaient à la figure; de chaque côte un mur éclatant de blancheur; voilà ce qui, durant quatre heures, a été notre partage, sans que la moindre nuée effleurant ainsi qu'un voile le disque ardent du soleil, sans qu'un souffle léger chassant ces masses blanchâtres qui nous enveloppaient et souillaient l'atmosphère; sans qu'une échappée de vue sur la mer, sur ses bords animés vînt pour un instant soulager nos yeux ou purifier l'air que nous respirions.

Aussi, que de pénibles réflexions ne faisait pas naître en moi cette ligne éblouissante qui s'étendait avec monotonie!.... Elle me rappelait nos longues routes de France, elle me faisait songer, à Naples, aux jouissances faciles à obtenir que j'avais abandonnées pour chercher des joies incertaines, et je repoussais l'itinéraire, cause innocente de mes ennuis. Puis, des montagnes élevées, bleuâtres, se sont dessinées au loin; les ormeaux ont disparu pour faire place à d'épais bosquets d'oliviers; sur la pente on a discerné quelques chaumières; les bourgs ont perdu peu à peu ce luxe de haillons et de mendians que possèdent les environs de Naples. Çà et là des pins en parasol balançaient leurs cîmes élégantes; le couvent, la tour grise, se groupaient dans les bois; les monts semblaient grandir, le passage en devenait plus resserré; une vallée s'ouvrait, vaste, feuillée : c'était celle de *la Cava*. Et quittant sans regrets *la Campagna felice, impittoresque* à l'excès, nous nous sommes enfoncés sous ces ombrages.

Il est difficile de décrire dans leur admirable harmonie les merveilles de la Cava : ce sont mille détours, mille enchantemens ; ce sont des ruines qui se détachent dentelées sur la teinte vive et bleue du ciel d'Italie ; c'est ici un pont gracieusement jeté sur le torrent qui tombe avec fracas du haut des rochers à pic ; c'est, au fond de la vallée, un reste d'aqueduc qui s'élève noir et couronné de lierre ; dans la forêt, c'est une église qu'on aperçoit au travers des menues branches qui se croisent devant elle : chaque sinuosité que décrit le chemin ramène un paysage plus séduisant, et la mer, Salerne qu'on distingue bientôt ; les croupes, couleur d'émeraude, qui descendent couvertes de villages jusque dans les eaux pour s'y baigner ; les côtes de la Calabre qui s'effacent par degrés et bientôt n'offrent plus à l'œil qu'une ligne verdâtre presqu'imperceptible ; le golfe immense dont les rivages égalent par leur beauté ceux de la baie de Naples, cela seulement fait oublier le vallon de la Cava.

Je ne sais rien de joli comme la cité de
Salerne; comme son port où se meut une
foule basanée et rieuse; comme cette chaîne
de monts qui l'entoure; comme cette pleine
mer qui se déroule à perte de vue; comme
ces nuées d'or et de pourpre qui flottent à
l'horizon, pour lui former une ceinture aussi
éclatante que la flamme dans l'incendie ! Je
ne sais rien de joli comme sa plage, comme
ses bateaux que les flots agitent, comme.....
mais.... onze heures du soir sonnent, je crois,
à l'horloge voisine; le croissant de la lune
luit silencieux et n'éclaire plus qu'une place
déserte; les cris, les chants ont cessé; de ces
nombreux pêcheurs qui couraient vers la rive,
de ceux qui, mollement couchés sur le sable,
laissaient la vague humecter de son écume
leurs pieds nus, pas un n'est demeuré. La fi-
leuse qui marchait, une quenouille passée
dans sa ceinture, conduisant son plus jeune
fils et tordant le lin entre ses doigts; la femme
du marinier qui raccommodait, assise sur les
débris d'une barque renversée, les filets qu'a
noircis l'eau salée; celle qui, placée derrière
l'aquatojo, présentait au voyageur quelque
boisson raffraichissante; toutes ont disparu,
la mer seule continue à envoyer ses larges

flots sur la grève; la lueur du phare tremble dans l'onde; frappées par les rayons de la lune, les maisonnettes de la montagne ressortent au sein de l'obscurité; tout se tait, tout dort, la plume s'échappe de mes doigts.... et je vais sommeiller avec la nature entière, car l'aurore prochaine doit me retrouver sur les bords de la mer.

Salerne, 7 mars 1834.

Emportés par trois fougueuses rosses de Salerne, nous prîmes hier le chemin qui mène à Pestum. Les premières clartés du jour peignaient de violet les monts et la cité; un rocher, des ruines, se découpaient sur l'étendue dorée; les eaux que ridait la brise matinale en paraissaient plus pures; la poussière abattue par la rosée de la nuit ne tournoyait point encore, et la campagne était délicieuse!

Cependant les montagnes s'abaissèrent peu à peu; la vallée s'élargit, des plaines cultivées remplacèrent les mouvemens de terrain parsemés de myrtes, de citroniers; aux plaines cultivées succédèrent de vastes landes, où l'asphodèle, l'épine noire, la camomille, se confondant avec les narcisses et les romarins, fleurissaient en abondance.

On voyait des fermes isolées, quelques gendarmes, quelques patrouilles de paysans armés; on rencontrait parfois une longue file de mulets la tête ornée d'un panache rouge, chargés de je ne sais quelle production du pays, et guidés par une troupe de Calabrois, au chapeau conique, aux moustaches noires, tous la carabine sur l'épaule. On apercevait dans les marécages des troupeaux de bufles paissant parmi les broussailles, et gardés par un pâtre revêtu de peau de mouton; de temps à autre un corricolo nous dépassait, malgré les douze hommes établis dessus, derrière, jusque dessous lui. Puis on ne voyait, on ne rencontrait, on n'apercevait plus rien, et depuis long-temps je m'efforçais de découvrir les vestiges de ces ruines qu'on m'avait dit se dessiner si majestueusement sur le ciel, lorsqu'il me sembla discerner à l'horizon une masse brune, des colonnes, l'atmosphère resplendissant entre elles; et de front, les trois temples se riant des siècles passés, défiant les siècles à venir.

Des buissons, des bois taillis; dans le lointain la mer d'un bleu pâle; une seule habitation perdue au milieu de ces steppes; deux ou trois misérables presque entièrement dépourvus de vêtemens; au centre, la Basilique, le temple de Neptune, celui de Cérès, tous jaunâtres, tous envahis par les ronces; tel est le squelette de Pæstum. — Quant à l'émotion dont on se sent ébranlé, en présence de ces ruines antérieures à celles de Rome, quant à la mélancolie qui s'empare du cœur à l'aspect de cette nature si désolée, auprès de ces tombeaux ouverts, profanés, je ne saurais les redire !

Ce ne sont point là de ces impressions douces bien que sérieuses, qui attristent l'ame sans la froisser; ces lieux inspirent une sorte de crainte, et, malgré le soleil qui brille radieux, on ne peut se défendre d'un frisson.

Le bruit d'un bouchon que faisaient sauter quelques Anglais dans le sanctuaire de Neptune, nous chassa de Pæstum, et harcelés par un escadron demi-nu, nous regagnâmes la voiture, en promenant un dernier regard sur ces colosses.

— « *Addio* » — me dit le guide, puis baissant la voix, jetant de côté un coup d'œil méfiant — « *Non fate come l'Inglese!* » — Je le vis agiter sa main, et la voiture partit au grand trot.

— « *Come l'Inglese... non fate...ma che...* »
—je me retournais, il avait disparu.

— « Cos'è ?... chi è quell' Inglese ?... » — demanda ma Tante au cocher.

— « Basta... basta... non parlar ! » — répondit cet homme en posant trois doigts réunis sur sa bouche, tandis que de nombreux coups de fouets départis à ses rosses leur firent échanger le trot contre un galop propre à troubler la plus forte tête.

— « *Là... uccisi... amendue...* » — s'écria-t-il un quart-d'heure après en désignant une borne placée vers le chemin, il reprit son allure d'enfer, et, pendant les deux heures que nous mîmes à revenir, ces mots « *Inglese!... amendue!... uccisi!...* » bruirent à mes oreilles.

Mon hôtesse de Salerne est démonstrative à l'excès! M'assurer de son amitié, de l'ivresse qu'elle éprouve à me recevoir, me prendre les deux mains, les serrer dans les siennes, ou, saisie par un transport subit, me sauter au cou et m'appeler *carina, gentilissima, onestissima, nobilissima;* ce sont là les témoignages de son affection. Puis elle aime tant à causer, la pauvre femme; elle aime tant à conter, ses mouvemens sont si animés, ses paroles si éloquentes; elle est en un mot si curieuse à observer comme type du caractère national, que je ne me lasse point de la voir ni de l'entendre.

A peine notre voiture se fut-elle arrêtée devant la petite porte enfumée sur le seuil de laquelle mon hôtesse, une lampe de terre cuite aux mains, parlait, s'informait, criait déjà, que, descendant de la calèche, joignant à l'expression de ma fatigue, de mes craintes réelles, l'apparence de celles que je n'avais pas, et me faisant fête de la scène à laquelle j'allais donner lieu : — « *Ah! Donn' Agnella!* » m'écriai-je en levant les yeux au ciel avec un signe de croix.

— « *Maria santissima!...* » — La brave femme imita mon geste, et sa lampe fut joncher les dalles de ses débris.

« Venite! » lui dis-je en l'attirant vers le brasero dont la cendre fraîchement remuée laissait voir les charbons qui se consumaient dans son sein, je la priai de s'asseoir sur un escabeau placé près du grand fauteuil que je m'étais sagement approprié.

— « *Dite-mi* » — balbutiai-je — « *Dite-mi... quell' Inglesi?...* » — « *Uh!* » — fit l'hôtesse en se rejetant en arrière le visage caché dans ses mains— « *Uh!....* » —et avant qu'étourdie par ce son perçant, j'eusse eu le temps d'ajouter à la sienne une exclamation plus effrayée encore.— « Carina » —murmura-t-elle en se penchant vers moi— « *Carina, ascoltate!* » — Variant à l'infini les intonations de sa voix, communiquant à sa physionomie des nuances remarquables par leur délicatesse, elle commença le récit suivant, auquel je ne saurais rendre cette naïveté, cet intérêt, cette entente du drame que les lieux, que la course de la journée, que l'entourage, que tout et qu'elle par dessus tout lui prêtait.

« Sous le règne de *Joachim*—dit-elle—sous le règne de Joachim, les affaires ne marchaient pas comme elles le font à présent. — Point de larcins, point d'assassinats; un mouchoir, une parcelle d'or, une piastre volée, *fusillé*, et le même homme ne péchait pas deux fois!... On pouvait alors s'orner de joyaux; on pouvait le soir se promener sur la grève, parée, les doigts chargés d'anneaux, le col de bijoux, de chaînes... Maintenant » — les sourcils de l'hôtesse se rapprochèrent — «Mainteant... cela est fini; les bijoux c'est dans le secrétaire, c'est sous clé, qu'on les tient;

personne ne les admire, et vous auriez beau être la plus riche femme de Salerne, et vos pierres, et vos colliers, et vos agraffes auraient beau faire pâlir les pierreries, les colliers, les agraffes de vos amies ou de vos voisines, que pas une.... pas *une seule* n'en saura mot!....

Mais.... ceci est inutile ! Il y a quatre ans qu'un Anglais et sa femme vinrent coucher dans cette maison. Ils étaient jeunes.... La dame avait de longs cheveux noirs qui tombaient brillans et souples près de son visage ! le *milord*, un noble front, des yeux sévères, une taille élevée. Ils voyageaient sans domestiques, c'étaient de nouveaux mariés. » — Ici l'hôtesse se leva, et repliant une longue pièce d'étoffe qui pendait devant un enfoncement obscur pratiqué dans la muraille, « Là ils reposèrent — me dit-elle. — *E la prima notte, fù l'unica!* »

—Je n'oublierai point la terreur qu'exprimèrent en cet instant les traits de donn'Agnella ; je n'oublierai point ses prunelles qui scintillaient d'un feu sombre ; le silence de quelques secondes qui suivit ses paroles, l'immobilité qu'elle conserva dans son attitude, et sa démarche solennelle lorsqu'elle regagna le siége vermoulu.

— Donn'Agnella : vous nous réveillerez à cinq heures. — me dit la jolie Dame en se retirant le soir; elle parlait notre langue, n'était pas fière, et plusieurs fois déjà elle avait embrassé ma petite Marie, alors au berceau. »
— L'hôtesse fit un signe; une enfant se précipita sur ma main qu'elle baisa malgré moi d'après les ordres réitérés de sa mère; elle s'accroupit à ses pieds, et s'endormit d'un sommeil profond.

— Donn'Agnella, vous nous réveillerez à cinq heures!..... Je le fis. La matinée était fraîche, on voyait distinctement la chaîne des montagnes ; le vent d'est courait dans les feuilles naissantes; beaucoup de fleurs s'épanouirent en ce jour.... celle-là se flétrit!

Ils allèrent donc, sereins, joyeux, ne rêvant qu'au plaisir qui les attendait. La dame chantait à demi-voix, le monsieur souriait; je les vois encore descendre notre escalier appuyés l'un sur l'autre, se regardant d'un air si tendre.... *poveretti!*

Tenez, s'écria le milord lorsqu'il fut à la dernière marche (notez qu'il n'avait adressé la parole à personne): *Tenez, c'est pour votre angiolina;* il me remit une pièce d'or.. la voici.... » —l'hôtesse écarta le mouchoir qui recouvrait la poitrine de Marie, et j'apperçus un sachet brodé d'or déposé sur la peau basanée de la petite fille: *A ce soir*... continua le milord; il fit un signe de la main, s'assit auprès de sa femme dans le *calesseto* que je lui avais procuré la veille, et s'éloigna...

Leur voyage n'offrit rien de particulier; mais le retour!.... Dépassant le bois de chênes qu'on rencontre immédiatement après le désert, ils examinaient quelques pétrifications qu'on venait de leur vendre, lorsqu'un léger froissement agite les feuilles et que vingt-sept brigands, vingt-sept, pas un de moins, se jettent sur la route, environnent la voiture, renversent les chevaux, se cramponnent aux portières, criant « *denaro!..... denaro!..... borsa!... piastre!... ducati!... monete!...* » — Ah!..., fit la Dame à la vue inopinée de ces laides figures, de ces fusils, de ces grands hommes, de leurs longues moustaches, de leurs poitrines velues, des couteaux affilés qui brillaient dans leurs ceintures.... puis elle se laissa tomber toute blanche sur son mari, cacha la tête dans son sein, et se tut.

— « *Birbanti !* » — sacramenta le milord pâle de rage, les lèvres bleues ; il voulut sauter hors de la voiture ; vingt-sept baïonnettes se croisèrent sur lui, vingt-sept poignards s'avancèrent près de son cœur ; il rugissait de colère ; la jeune femme le serra contre elle.

— « *Lasciate fare a me !... lasciate...** » — leur demandait le cocher d'un ton suppliant — « *lasciate !...* » — et se traînant à genoux vers les assassins...

« *Maria santissima v'accompagna !* » dit-il bien bas « *Maria sanctissima v'accompagna !... Le vostre opere sian'benedette !... In nome di Jesù ! cosa volete fare a questi miei poveri signori?... deh abbiate !...*** »

« *Per Baccho ! che bel visolino !...**** » — interrompit un brigand qui le renversa d'un coup de poing dans le fossé, en approchant sa tête féroce de celle qui reposait livide sur milord....

— Damnation ! — : bégaya l'Anglais : il repoussa sa femme, Il prit le coquin par les

---

* **Laissez-moi** faire ! laissez.

** Marie très sainte vous accompagne !... Que vos œuvres soient bénies !... Au nom de Jésus ! que voulez-vous faire à mes pauvres maîtres ?... de grace ! ayez...

*** Par Bacchus !... quel joli visage !...

moustaches, posa sur son front le canon d'un pistolet.... *Pouh!*.... le brigand tombe, le milord reçoit douze balles dans le cœur, sa dame est transpercée de coups de stylet, la bande fond sur eux, chacun plonge son arme dans leurs corps; on les frappe avec la crosse, on les frappe avec la baïonnette; ce n'est que sang, ce ne sont que lambeaux de chair; puis tout d'un coup on entend des roues... celui-ci court à gauche, cet autre à droite, le troisième sous cette mâsure, le quatrième dans la forêt, les derniers à travers la campagne, et silence.... silence!.... »

Ici donn'Agnella remua longuement les tisons du brasero....— « *Oimé!*... quand Pietro me les rapporta le soir!... » elle essuya quelques gouttes de sueur qui découlaient de son front. «—*Orrendo!*.... là — » montrant de ses doigts une dalle rougeâtre : — « là, le jeune homme; ici, la dame; tous deux méconnaissables, tous deux mutilés, tous deux morts de mort violente... sans le saint-sacrement... *hérétiques... damnés!... O madra purissima di Dio!!* » L'hôtesse récita d'une voix uniforme quatre ou cinq prières à la Vierge.

« — Qu'advint-il .. » me hasardai-je à murmurer plus tard.

— « Ce qu'il advint ?... Le Roi dit à ses généraux : *Qu'on me pende sti Baroni*! Aussitôt les gendarmes arrivent ; on interroge, on emprisonne, on parcourt le pays, et... on ne trouve rien !...

— « Pourquoi cela ?... » —

— « Pourquoi !... parce qu'au troisième jour de l'enquête, comme les brigands cheminaient sur le bord de la *Sale*, ils virent dans le lointain une troupe de carabiniers marcher avec précaution.

— « Marinari ! » — crièrent-ils aux bateliers qui naviguaient paisiblement dans le bac.

— « Marinari !... al mare ! * »

— « Ma perchè ?.. ma come ?... et non voglio, et questo et quello ! ** » répliquaient ces pauvres gens.

— « Questo, vi fara volere !...*** » — dirent les assassins en les couchant en joue.

— « Sù, andiamo e presto et pronto !**** » Ils s'élancèrent dans la barque ; les pêcheurs,

---

* Mariniers !... à la mer !...

** Mais pourquoi... mais comment ?... et je ne veux pas,.. et ceci et cela !

*** Cela vous fera vouloir !

**** Allons ! et vîte et promptement !...

chacun quatre brigands à son côté, firent force de rames ; trois minutes ne s'écoulèrent pas qu'ils étaient déjà en pleine mer.

— « Dove ci conducete?...* » balbutiaient en pleurant les misérables.

— « Ubbidite !...** » répondait la bande d'une voix de tonnerre.

— « Mà... » —

— « Morte !... morte !... » — Les marins ramèrent donc pendant neuf jours et neuf nuits sans interruption.

— « *Neuf jours et neuf nuits* !!! êtes-vous sûre ? ... » —

— « *E cosi !...**** » — interrompit donn' Agnella en pinçant les lèvres.

« Au bout de ce temps, ils étaient à cent... à trois cent... non à quatre cent ou cinq cent millions de milles de la terre !... »

— « Et... ils avaient, je pense, emporté quelques *pagnotte* ?...**** » —

— « Si » continua gravement l'hôtesse,

---

* Où nous conduisez-vous ?...
** Obéissez !
*** C'est ainsi.
**** Petits pains !

malgré la rougeur que répandait sur son front ma question indiscrète.

— « Ils abordèrent en... en... ah!... aidez-moi, là d'où nous viennent ces soldats en habits rouges... ceux qui n'ont point de roi, ceux qui traversent les montagnes pour servir le nôtre?... » —

— « En Suisse? » — repris-je avec un soupir — « Mais donn'Agnella!... la chose est impossible... cette contrée... » —

— « *Questo fù!** » — dit la bonne femme avec le même ton péremptoire — « C'est là qu'on les pendit par ordre de sa majesté notre souverain! » —

Le récit était achevé; je me levai et, promenant quelques regards inquiets vers la porte entr'ouverte près de laquelle se groupaient silencieux sept ou huit hommes au teint brun, au chapeau conique, aux yeux rusés; je fus rejoindre mon grabat, tressaillant aux moindres craquemens de la paroi, prêtant l'oreille au bruit des pas qu'il me semblait ouïr sur les dalles; et me mettant en prière à chaque gambade exécutée par les souris du voisinage.

* Cela fut.

CHAPITRE XXVII.

SORRENTO. — RETOUR. — CASTELL'MARE. — POMPEI.

Sorrento, 7 mars 1834.

Si le golfe de Salerne, si les temples de Pæstum, si la vallée de la Cava recèlent des beautés que l'on ne peut voir sans une profonde émotion, si l'ame se rafraîchit au spectacle de ce paysage romantique, que de sensations plus chaleureuses encore n'exciteront pas et *Sorrento* et les monts qui le séparent de Castell'mare ?...

Une succession de jardins anglais arrangés avec un goût sûr ; des montagnes à pic dont les flancs tour à tour escarpés ou verdoyans se réfléchissent dans la mer ; nichés entre les bosquets s'étendant vers la plage, rassemblés sur le roc qui s'avance dans les flots et les domine, une multitude de paesi, une multitude de villes, de hameaux, parmi lesquels se montrent quelque blancs clochers, des bois d'orangers et de citronniers qui entremêlent et leurs feuilles et leurs fruits ; de petites anses où travaillent les matelots ; quelques pêcheurs debout sur les récifs dont la côte est bordée ; des oliviers avec leur feuillage glauque et argenté ; faiblement éclairé par un rayon qui perce la nue, le Vésuve, dont la tête se perd dans la brume ; Naples, les hauteurs de Pouzzol, le cap Mysène ; les îles de Procida, d'Ischia, de Nisida ; la pleine mer, tout près Capri. Tels sont les détails de ce tableau magnifique.

On monte dans les gorges sombres de la montagne, on s'avance au milieu des vergers, on traverse des bourgs dont la propreté surprend ; on rencontre les femmes de Sorrento, grandes, de traits réguliers et majestueuses, ainsi que les déesses au sortir de l'Olympe. L'œil glisse dans l'intérieur des habitations, et leur élégance ravit; les haillons disparaissent, un costume original les remplace; plus de physionomies repoussantes, plus d'enfans qui sortent de la fange pour importuner le voyageur, plus de ces femmes dont les vêtemens en lambeaux décèlent une nudité révoltante; mais en revanche je ne sais quel air de fierté sur la figure, dans les gestes, et une population superbe!

Assise auprès de ma fenêtre qui s'ouvre sur un bosquet d'orangers, je vois se croiser près de moi leurs branches que fait trembler le *schirocco;* elles me présentent alternativement leurs fruits et leur verdure brillante. Le soleil se couche, il jette sur les nuées un reflet rouge qui se répète dans les eaux, puis dore le paysage; quelques voiles se gonflent çà et là; de l'œil, je me plais à reconnaître les traces du sentier qui m'a conduite ici, en serpentant autour des croupes voisines. — Sorrento, Meta, tout-à-l'heure colorés, pâlissent au crépuscule du soir; séduite par la senteur que répandent au-dehors les giroflées, les violettes, les narcisses, ces mille fleurs que la nuit rend plus odorantes, je vais savourer l'air qu'elles embaument, je vais offrir mon front au vent frais qui peint d'un bleu foncé les eaux de la mer; et repassant dans mon souvenir l'*Aminta*, la *Gierusalemme*, je vais livrer mon ame à cette poésie qu'exhale la patrie du Tasse.

Naples, 8 *mars* 1834.

Le gazouillement des oiseaux cachés dans le feuillage des citronniers m'a seul avertie ce matin que l'heure était arrivée de quitter Sorrento, de quitter ses jardins qui rappellent ceux d'Armide. De petits chemins, enfermés par deux murs, nous ont amenés au port. Rien n'est frais comme ces bois, comme ces sentiers, comme ces terrasses suspendues sur les flots; rien n'est frais comme cette ville du midi qui se tourne vers le nord et joint à un climat doux, je ne sais quelle pureté d'atmosphère qui vivifie, qui relève les forces abattues par les rayons brûlans que le soleil fait tomber à plomb sur Naples.

A Sorrento seulement j'ai apprécié ce mot de *fraîcheur* que les Italiens prononcent avec un sourire de volupté. Chez nous, *fraîcheur*, c'est cette sensation charmante au premier instant, qui se rapproche par degré du froid, et bientôt produit en nous le frisson, le malaise; c'est la brise qui traverse aux mois d'été les appartemens dans lesquels on lui a savamment ménagé un passage; autrement dit, c'est *courant d'air*, et courant d'air entraîne après lui de fâcheuses idées. — Mais en Italie, mais à Sorrento, que d'impressions agréables ne fait pas naître la fraîcheur; vous la rencontrez sous les bosquets, elle vous suit vers la grève, elle plane sur vos têtes, elle se cache dans chaque fleur, elle caresse votre visage, elle vous accompagne comme un esprit bienfaisant, elle doue vos joies champêtres d'un ineffable charme.

Ce matin escortés par elle, nous avons visité ces villa modestes où l'on cherche au printemps la solitude et le repos. Les étrangers que la mer ou des chemins difficiles ont transportés sur cette rive, y trouvent une simplicité de mœurs que ne sauraient leur montrer les grandes villes ; ils ne peuvent y amener ce luxe, cette richesse de vêtemens, cette somptuosité d'équipages, cet étalage de bonheur doré qui éblouit le pauvre, le trompe, le rend paresseux et mendiant. Il n'y a point là de contrastes qui déchirent; entourée d'images douces, de physionomies satisfaites; n'étant jamais choquée par de hideuses scènes, l'ame s'apaise; elle s'harmonise avec cette nature qui lui apparaît si sereine, puis elle s'endort; et les émotions qu'elle reçoit ne lui arrivent plus que légèrement émoussées.

C'est là qu'on comprend le *sybaritisme*; c'est là qu'on comprend cette indifférence des Napolitains, pour tout ce qui ne touche pas immédiatement aux jouissances du moment présent; c'est là qu'on comprend cette paresse qui maîtrise les facultés intellectuelles, les facultés physiques, l'homme enfin, pour le faire heureux à la fois et méprisable; c'est là, sous ce ciel éclatant qui ne permet pas la réflexion; c'est là, près de ces tableaux sublimes, mais gais, mais rians, qui vous arrachent à une vie intérieure, sans laquelle il n'est point de pensées fortement conçues, sans laquelle il n'est point de résolutions durables; c'est là qu'on comprend cette timidité, cette oscillation, ces craintes perpétuelles, faut-il le dire...... cette lâcheté du peuple napolitain! C'est là qu'on comprend ces hommes énervés, ces hommes amoureux de leur bien-être, ces hommes peu curieux d'améliorations qui leur coûteraient un sacrifice, ces hommes désireux surtout de vivre, et de vivre oisifs. C'est là qu'on comprend la chute de l'Italie ; et c'est là, que l'espérance en vain combattue, par un examen attentif des citadins, s'enfuit, rapide, pour ne laisser que vide en sa place.

Tandis qu'absorbée par cette idylle (l'existence là, est un poème de Gessner), je contemplais ces tableaux qui chassent du cœur jusqu'à l'apparence de la tristesse ; le son argentin d'une clochette est venu me frapper. J'ai cru discerner la flamme jaunâtre des cierges; bientôt j'ai vu des hommes la tête nue marcher deux à deux en psalmodiant ; puis un dais, puis sous le dais un prêtre, dans ses mains une urne, des femmes auprès de lui, et sur son passage des enfans, des vieillards, des paysans à genoux ; recueillement... prière!
— Le chant s'élevait lugubre vers les cieux ; la procession se rapprochait ; elle a passé : sur quelques visages j'ai découvert l'empreinte de la douleur, dans quelques yeux des larmes.... C'était l'hostie qu'on portait à un agonisant. Un frémissement m'a saisie, mes re-

gards se fixaient sur le prêtre qui s'éloignait; et j'ecoutais machinalement les sons qui allaient s'éteignant. La lueur des cierges se perdait, effacée par l'éclat du beau jour; la cloche qu'on balançait sans cesse vibrait plus faible; le son s'évaporait dans les airs, le sentier reprenait son silence; les bois chargeaient encore l'atmosphère de leur parfum; le myrte, auprès duquel la fontaine versait ses eaux abondantes, exhalait la même senteur aromatique..... mais je suis demeurée froide. Sur mes lèvres ont erré ces mots : « *on meurt donc ici!* » et mes joies se sont flétries. — Il était vrai; là, au sein de ces campagnes, sous ces orangers, près de cette mer azurée, un homme expirait; un homme combattait avec ces angoisses effrayantes à la pensée, qu'amène l'heure dernière, et que nul, surgissant du sépulcre, ne nous a revélées! —Un homme succombait aux souffrances; il sentait la mort appesantir ses membres; il la sentait s'avancer lente, sûre, vers son cœur, puis filer autour de lui comme un réseau, ralentir ses battemens, s'étendre sur sa poitrine, lui rendre la respiration malaisée, l'oppresser jusqu'au râle! —Un homme était arrivé à cet instant solennel, où la vie s'échappe, où elle retourne à

Dieu, ainsi qu'au matin d'un jour d'automne les vapeurs du lac remontent en longues colonnes vers le ciel. — Un homme expirait! Et pendant que je m'élançais sur le bateau qui devait m'entraîner loin de Sorrento, les cloches de l'église prochaine se sont ébranlées ; elles m'ont avertie que le Saint-Sacrement effleurait les lèvres du mourant, que son esprit avait trépassé, et que l'éternité s'ouvrait pour recevoir l'un de nos frères.

Dirigée par quatre rameurs, notre chaloupe volait sur la mer, qui chatoyait comme de la moire ; elle passait alerte entre les récifs ; elle rasait à peine les flots qui se repliaient sous elle ; elle s'approchait de la côte escarpée, et mon œil pénétrait au fond des grottes humides que les eaux avaient creusées dans le roc. Je voyais des gouttes brillantes filtrer le long des parois, et venir se joindre aux ondes qui se berçaient mollement sous la voûte ; d'autres scintillaient tremblantes, et tombaient avec un bruit pareil au clapotement de la vague contre les flancs du navire. Nous dépassions les promontoires qui cachent *Méta* au voyageur à pied ; les villages, les prairies, les vergers, les chapelles, se succédaient près de nous; plus tard, Castell'mare, son vieux château, se sont présentés à l'horizon; les rameurs ont redoublé d'efforts, nous l'avons atteint; et c'est là qu'a commencé le cours de mes désenchantemens.

Castell'mare, composé d'habitations luxueuses, traversé par une rue large, parsemé de ruelles sales, m'a paru réunir les inconvéniens de Naples, sans en offrir l'attrait. Ce sont les mêmes figures repoussantes, la même nudité, étalée sans honte, les mêmes ordures, la même odeur nauséabonde; ce sont les mêmes adresses françaises, anglaises, allemandes ou russes; c'est ce désordre qui révolte. En regard, ce sont des villa splendides, des voitures, des laquais; c'est cet entourage éclatant que traînent après eux les lords, les princes, les marquis, les comtes, et ce peuple de nobles, que déverse le reste de l'Europe sur l'Italie. C'est la mer il est vrai, c'est la hauteur, une vue étonnante..... Mais cela gâté, et, rappelant douloureusement Sorrento, qu'une *Strada nuova*, semblable à celle qui cotoie la rive droite du golfe, va faire civilisée, va faire anglaisée comme elle.

Quelques secondes... et je suis retombée dans cette atmosphère poussiéreuse, dont les délices de Salerne m'avaient fait perdre le souvenir. Pompeï, que j'ai visité au retour, était un refuge contre l'air desséché par les parcelles fines qu'agitait le vent du midi ; je ne sais si je dois au repos momentané dont j'ai joui dans ses murs l'impression agréable qui m'en est demeurée. J'éprouvais là un intérêt vif ; la première visite, employée à considérer superficiellement une multitude d'objets remarquables, m'avait laissé plus de fatigue encore que d'images nettes : d'ailleurs, Pompeï, avec ses toits affaissés, ses rues étroites, ses maisons basses, diffère peu de quelque petite ville des environs, qu'une peste aurait dépeuplée. Un examen sérieux contribue puissamment à la rendre intéressante ; et les heures que j'ai mises à revoir plusieurs de ses monumens, m'ont complétement satisfaite... — Entrée par la porte de Castell'-mare, je me suis promenée dans le corps-de-garde ; j'ai lu ces noms tracés par la main des soldats sur des murailles peintes d'un rouge antique ; j'ai parcouru le marché, place autrefois entourée de boutiques, et que jonchent maintenant des fragmens de colonnes brisées.

Le théâtre, conservé à peu près dans son

entier, m'a retenue quelques momens; je me suis assise sur ces gradins revêtus de marbre, et réservés aux patriciens ; je me suis placée sur ceux qu'on abandonnait au peuple; j'ai long-temps fixé mes yeux sur cette scène qu'animaient les acteurs, sur ces coulisses où, le visage couvert du masque comique, ils se disposaient à paraître devant le public; j'ai cru entendre les vers satiriques des poètes latins; j'ai cru voir déboucher par les deux portes latérales les Romains dans leur costume; émerveillée, je n'ai pu retenir une exclamation !... puis l'illusion s'est évanouie, le théâtre est redevenu désert. J'ai remarqué l'herbe qui croissait sur la scène, les ronces qui passaient leurs rameaux épineux entre les siéges de pierre, et je me suis dirigée vers le forum. — Peu de choses parlent aussi fortement à l'imagination : « Là — vous dit-on — là étaient les salles du conseil; ici, la tribune où discouraient les orateurs; de chaque côté, les trottoirs sur lesquels se mouvait la foule; plus loin, le temple de Jupiter; en face, le tribunal où l'on jugeait les coupables; en bas, un souterrain qui servit de prison ! »

De cela, il ne reste que des murs, un temple dégradé, quelques blocs de pierre, puis deux rangs de colonnes, dont une grande partie est rompue.

La célèbre mosaïque d'Alexandre, bien qu'endommagée, n'a pas laissé d'exciter ma curiosité; il y a là une pureté de contours, une fermeté, une justesse que l'on admire. La vivacité des couleurs est surprenante; chaque tête conserve son expression particulière; les chevaux, les armes, le char, sont autant de chefs-d'œuvre, et l'on s'arrache avec peine du lieu qui la renferme.

Torre del Greco, Resine, Portici, situés sur la route, accoutument le voyageur aux plaies de Naples. Hélas! que de tristes réalités ont terni cette journée si douce!... Les guenilles; les chars remplis de viande crue, de têtes, de membres, d'entrailles, de chairs pantelantes; les hommes portant sur leur dos une carcasse de bœuf, dont le sang ruisselle sur leur corps, sur leur visage; les voix glapissantes qui s'entrechoquent; l'avidité du peuple, en masse, comme en détail; j'ai tout retrouvé; et maintenant c'est décolorés par les sensations pénibles, qu'a fait naître chez moi cet ensemble, que je revois la plaine, les orangers, les jardins de Sorrento.

CHAPITRE XXVIII.

LA FENICE. — SAN CARLINO. — CISTERNA.

Naples, 13 mars 1834.

Il était dix heures du matin, lorsque, séduite par l'affiche de la *Fenice,* qui annonçait pompeusement une représentation de la *Cenerentola, di giorno, e di sera*; je quittai hier le chemin de la strada nuova, puis les gerbes de lumière qui se répandaient autour de moi, ainsi qu'une pluie d'or, pour m'enfermer dans les corridors bas et puans, qui aboutissent au souterrain nommé *Fenice*. — Trois rangs de loges (le dernier seul, est de niveau avec le terrain) trois rangs de loges, un parterre, la scène, composent ce théâtre, dont la dimension est égale à celle d'un salon de moyenne grandeur.

Six à sept lampes brûlaient dans la salle; l'odeur de l'ail se combinait avec celle de l'huile; et une chaleur étouffante, rendait cet endroit intenable.

L'orchestre, formé, je crois, de huit violons, de quatre trompettes, de deux tymbales, d'un tamtam, de cinq trombones, ou de quelque chose d'approchant, estropia l'ouverture, depuis la première mesure jusqu'à la dernière; la toile se leva, et trois des plus disgracieuses femmes qu'ait produites la nature, s'attaquèrent à l'œuvre de Rossini. La gêne, l'ennui, le malheur peints sur ces figures, occupées à retenir de longs bâillemens, me frappèrent dès l'abord. On sent bien là toute l'infortune d'une telle existence. On sonde de la pensée, les dégoûts, le vide immense, qu'entraîne après elle chacune de ces heures, durant lesquelles le soleil luit; durant lesquelle les prés verdissent, et que les misérables acteurs de la Fenice, passent sous terre, passent au sein d'un air méphitique; plongés dans le tripot, dans les intrigues de théâtre.

Répéter matin et soir le même rôle, le même sourire, la même ariette; repousser celui-ci, avec le même dédain simulé; verser des larmes, au même signal; puis être médiocre, et n'avoir pas seulement les consolations qu'apporte le talent; sentir sa vie se consumer inutile, privée de gloire, privée de ces joies indicibles, que procure la libre possession de soi-même; ah! c'est se faire martyr de l'oisiveté publique; et l'on frémit à en contempler les victimes.

Le tympan déchiré; suffoquée par les exhalaisons qui s'élevaient du parterre; les yeux, le cœur en souffrance, je m'esquivai bientôt, laissant les dilettanti de l'endroit, crier *fuori, fuori!* à la Cenerentola dont les gestes télégraphiques, dont les notes ultra-fausses, m'avaient remué la bile. Cinq ou six évolutions circulaires dans Largo del Castello, suffirent à calmer mes nerfs irrités; puis *San Carlino*... San Carlino avec ses toiles, qui déploient de riches couleurs; San Carlino s'offrit à moi. La porte était ouverte, la foule se pressait au-dedans, on me vendit une loge... et... j'entrai.

On donnait *Un Soldato umbriaco*, autrement soit dit, *Un soldat ivre*. San Carlino, destiné aux plaisirs du peuple, est spécialement fréquenté par les gens de bon ton. De jour ou de nuit, s'y trouver est de mode; les femmes vont y rougir; les hommes y sourire avec finesse; le dialecte napolitain, que parlent les acteurs, permet aux unes de ne pas comprendre; aux autres d'expliquer; et l'on ne voit là que toilettes brillantes, que moustaches, que regards malins, que yeux baissés, qu'éventails sur la bouche, etc., etc.

Le naturel des artistes de San Carlino ne peut-être surpassé que par la gauche afféterie des malheureux attachés à la Fenice. Le jeu des physionomies, les intonations perçantes de la voix, sont excellens. Les pêcheurs de la marine; le fainéant qui se vautre dans la poussière; les femmes de la Chiaja, et leurs disputes ; les conducteurs de fiacres, leurs laquais; tout s'y reflète, jusqu'à mon hôtesse de Salerne. On dirait San Carlino, un lieu enchanté où la population napolitaine vient, poussée par quelque pouvoir surnaturel, vivre, se mouvoir, converser devant le public. San Carlino, c'est les *variétés* italiennes; il a son *Odry*, son *Brunet*, son *Potier*, son *Vernet*..... et son Molière aussi ; car, si *don Camerano* emprunte à ce dernier des scènes originales, il en crée, parfois, que notre auteur comique lui eût enviées à son tour. Il n'est guère de soucis, il n'est pas d'humeur sombre qui résiste long-temps à ces farces; les acteurs eux, aussi, semblent partager la gaîté générale; chacun y rit..... même le commissaire de police! et, oubliant le grand jour, mes réflexions, mon ennui..... j'ai ri comme les autres,

Molo di Gaete, 15 mars 1834.

Ce matin, j'ai laissé Naples; et, le dirai-je... je l'ai laissé sans regrets!..... — Le printemps, ses chaudes journées, excitaient en moi je ne sais quels désirs voyageurs, que j'ai vus satisfaits avec plaisir. Rester ensevelie dans une ville, tandis que les arbres se couvrent de feuilles; demeurer stationnaire, pendant que la nature s'émeut; humer la poussière de Villa Réale, quand une brise odorante effleure les campagnes, me paraissait être de la duperie. Nous voici sur la route de Rome, sans qu'un soupir se soit échappé de mon cœur.

Puis, si le climat dont on jouit à Naples, si sa position, si ses *conversazioni*, si son môle, si ses pêcheurs surprennent dès l'abord, et que, se parant de l'attrait que leur prête le ciel, ils maitrisent l'imagination; combien, lorsque deux mois et demi de séjour leur ont ôté cette nouveauté qui les faisait piquans, combien ils vous lassent, et quelle secrète satisfaction ne ressentez-vous point à les fuir !.....

Ce golfe, riche de verdure et de palais; le Vésuve, le cap Mysène, la mer ceinte de villa, de roches, de côteaux; les îles, cet horizon à perte de vue, forment de ravissans tableaux, sans doute.... Mais, on s'y accoutume à la longue.

Après s'être arrêté vingt fois sur la terrasse de Villareale; après être vingt fois demeuré en extase, l'enthousiasme s'affaiblit peu à peu. On jette un coup-d'œil rapide à ce qui nous retenait des heures; puis, on détourne à peine la tête; plus tard on voit, sans songer à regarder; et c'est alors qu'avec l'indifférence, naît la *satiété*.

La société de Naples, que sa bonhomie rend charmante aux premiers jours, perd, elle aussi, à un examen trop prolongé. L'absence totale de prétentions est louable, il est vrai; mais, elle autorise une nonchalance d'esprit, que le climat fait naître, que l'indolence instinctive encourage, et que le gouvernement accroît de tout son pouvoir.

Les hommes de génie que l'on vous a montrés, vivent, ou plutôt dorment sur leur réputation ; nul parmi eux ne s'avise de communiquer avec ses semblables par la voie des paroles ; on ne s'occupe ni du passé, ni de l'avenir; encore moins du présent ; les pensées, s'il en éclot, s'enchâssent dans un sonnet ou dans une *canzone;* on ignore cet art de traiter un sujet; cet art, sans l'approfondir, de le présenter sous mille formes nouvelles et gracieuses qu'on met en pratique avec tant d'aisance dans nos salons ; causer est une confortabilité qui s'est arrêtée aux frontières, ainsi que tant d'autres, et les *conversazioni,* si on leur enlève la musique, ou les lectures, ne sont plus que de longs *silenzi.*

De là, un ennui profond qui vous enveloppe, comme la toile de l'araignée sa proie ; qui vous enserre, qui vous tue, ainsi qu'elle. De là, un mécontentement sourd, qu'accroissent les frottemens inévitables de la journée ; de là, ce dégoût que l'on ressent pour Naples; dégoût, qui s'étend à ses beautés, pour en gâter le souvenir; et de là, cette absence de regrets, je dirais presque ce *bien-être*, qu'on éprouve à le quitter.

Cisterna, 16 mars 1835.

La baie de Molo di Gaeto; Itri, Fondi, leurs rochers; Terracine, ses ruines, ses palmiers, ses haies d'aubépine fleurie, ses bosquets de saules pleureurs, dont les branches délicates verdissent, ne m'apparaissent plus qu'à travers un brouillard moral. Huit lieues, faites dans les marais Pontins, entre deux lignes d'ormeaux, dont les boutons entr'ouverts laissaient apercevoir quelques feuilles nouvelles; des plaines, des mares; des plaines encore, et des ormeaux, et des mares; d'heure en heure, une masure noircie; quelque misérable, pâle, maigre, au ventre proéminent, au visage décharné, ne m'ont inspiré que rêveries pénibles. L'uniformité qui règne dans ce vaste désert s'est projetée sur mes idées; un sommeil irrésistible abaisse mes paupières; le besoin du repos l'emporte sur le désir de fixer mes sensations; la seule que j'éprouve, d'ailleurs, est celle de la fatigue; et cette lassitude extrême communique à mon grabat une trop grande puissance d'attraction, pour que j'essaie d'y résister davantage.

CHAPITRE XXI.

ROME. — SAINT-PIERRE. — NIBBI. — COLYSÉE.

Rome, 18 mars 1834.

Si les environs de Naples séduisent par l'éclat d'une nature incomparablement belle; la campagne de Rome, avec sa solitude, avec ses montagnes à l'horizon, et ses ruines éparses, la campagne de Rome l'emporte sur eux en solennité.

Ce n'est pas de l'enivrement qu'on ressent à l'aspect de cette immense étendue parsemée de tombeaux, d'aqueducs, de temples, de murs dégradés ; tapissée d'une herbe fine semblable à celle qui recouvre les pâturages alpins, et bornée par la Méditerranée, qui suit au loin ses contours, ainsi qu'un large ruban bleu. L'âme ne s'épanouit point à contempler ces vestiges d'une puissance qui naguère faisait plier les peuples sous ses lois ; le silence du désert romain ne fait pas naître des rêveries enchanteresses, telles que les inspiraient les ruines de Baya, celles de Cumes, ou les rives du golfe de Pouzzol ; mais chaque portique, chaque colonne, chaque arche grise qui se découpe sur la verdure, réveille un souvenir, et la vue de cette scène éteint toute pensée frivole.

C'est impatiente d'arriver, autant qu'au mois de janvier je l'étais de fuir, que je partis hier de Cisterne, au soleil levant.

Le village de Riccia, sur la hauteur, ses chemins protégés par l'ombre que répandaient les grands arbres dont ils sont bordés ; ses hautes roches, ses sources fraîches, ses femmes dont la taille pressée dans un corset rouge se dessine svelte au milieu du sentier, me charmaient. Je visitai les sites qui séparent ce hameau d'Albano; laissant là ma chaise de poste, je montai sur la colline, et, assise au pied du couvent des capucins qui la couronne, je promenai mes regards sur les eaux noires du lac. D'un côté, la plaine de Rome, le dôme de Saint-Pierre qu'un rayon du soleil faisait étinceler; de l'autre, la mer, Albano, de vieux bâtimens, entourés de pins maritimes; près de moi, le lac, ses rives abandonnées, Castel Gandolpho, la sombre allée de chênes verts qui y conduit; puis, je ne sais quelle apparence de splendeur détruite, me retinrent dans ces lieux, sans que je pusse m'expliquer la nature de mes impressions. Considérer Rome, certaine de l'atteindre; et la considérer de loin, me plaisait. Mes regards s'efforçaient d'analyser cette masse grisâtre dont la teinte se mêlait à celle des monts environnans; je cherchais à deviner la place du Panthéon, je croyais découvrir celle du Forum, il me semblait discerner vaguement les formes du Colysée; bientôt mes paupières s'abaissaient; pensive, retirée en moi-même...... *Ce soir,* me disais-je, *ce soir!* et je souriais de bonheur! — Quelques momens s'écoulèrent ainsi; nous partimes.

Tout parle à l'imagination durant le cours de ce trajet ; trois arceaux debout encore, un espace vide, quelques blocs de pierre composent les restes d'un aqueduc ; dans cet enclos, et drapés de lierre, on remarque ceux d'un temple ; cette muraille, que les siècles ont travaillée à jour, enfermait l'ancienne ville ; ces colonnes tronquées soutenaient un Palais ; ces masses noirâtres qu'on distingue à peine contenaient les cendres des Romains. Le trouble augmente en raison de la distance qui s'efface ; les ruines s'accumulent, le terrain disparaît sous les nombreux fragmens qui l'encombrent ; les portes se présentent inopinément, on passe sous la voûte ; et St-Jean-de Latran offre sa grande façade à votre première admiration ! — Voici le Colysée qui s'élance gigantesque vers les cieux, voilà ses corridors obscurs, voilà... Avant qu'un second coup d'œil vous ait ramené son image plus exacte ; le forum, qu'à l'extrémité de cette rue trois colonnes vous révèlent ; le forum détourne sur lui votre attention, change le cours de vos idées. Deux minutes, et la colonne Trajane vous enlève à ces dernières ; plus tard, une succession de ruelles obscures vous cache les richesses de Rome. Monseigneur le cardinal, à demi-couché sur les coussins de sa voiture dorée, et trainé par de nobles coursiers chamarrés d'aigrettes rouges, vous dépasse, pour se rendre au Corso. Les pompes d'un convoi funèbre se déploient à quelques pas; les pénitens blancs, les capucins, les dominicains qui suivent le cercueil en longues files, entravent votre marche. D'antiques palais, chargés d'écussons, encadrent les places. Penché au dehors, vous jetez çà et là des regards stupides, à force d'étonnement. Rome ancienne, Rome moderne, le Pape, les empereurs, la semaine sainte, le Capitole, les cardinaux, forment un épouvantable chaos dans votre pauvre tête; et cette pensée, *je suis à Rome*, qui surgit entre la foule de sensations incomplètes, dont vous êtes tourmenté, cette pensée parvient seule à mettre un peu d'ordre dans votre esprit.

J'en étais là, hier, lorsque les postillons s'écriant: *Place d'Espagne!* s'arrêtèrent soudain devant je ne sais quel bâtiment.

Place d'Espagne! répétai-je; mes yeux, au lieu de rencontrer les hautes murailles, les portes épaisses, les grilles de fer, les cadenas que ce mot *d'Espagne* m'avait forgés, tombè rent sur de jolies petites maisons basses, peintes en jaune, en rose tendre, en couleur café au lait!... C'est à peine si j'avais eu le tems d'apercevoir le vaste escalier qui mène au *monte Pincio*, qu'une voix étrangère retentit à mon côté.

— « Désolé, mesdames... plus de place... pas une chambre. Allez chez *Balbi*... peut-être lui en reste-t-il. » — Le petit monsieur frisé, qui prononçait ces mots, salua profondément, tandis que les postillons repartaient au grand trot. Je demeurai stupéfaite; quelques instants de course; second arrêt, auprès d'un second hôtel (car c'était à nous loger, que nous cherchions; et je commençais à m'en douter.) Ces paroles — « Au désespoir, une famille enlève le dernier appartement... Allez à la *Sybille*... » nous renvoyèrent plus loin.

« Il n'y a pas ici de quoi loger une marionnette ! » — cria le maître de la Sybille, avant que nous eussions ouvert la bouche. — «Mais, allez chez Franz ! » — chez Franz — « *Allez chez Damon, via della Croce* » — Chez Damon « *Allez à la grande-Bretagne, place d'Espagne ;* » à la grande-Bretagne — « *Allez chez Cerni, allez chez Balbi, allez.....*»

« Eh! Corpo di Christo! — juraient les postillons — Allez chez le diable!.... nous avons tout parcouru!... »

« Martignoni? »

Martignoni!..... brrrr! » Les misérables nous amenèrent au grand galop, à la Ville-de-Paris.

— « Y a-t-il quelque chose? » — demandai-je en tremblant.

— « Deux chambres!... » — répliqua un grand gaillard.

— « Quel prix? »

— « Dix piastres par jour. »

— « Dix piastres... Oh!... » — Une chaise de poste roulait derrière la nôtre.

— « C'est à prendre ou à laisser! » ajouta le drille, en courant à la voiture suivante. — « Un moment! » Le maître-d'hôtel détourna la tête.

— « J'accepte. » Nous descendîmes. Trois étages se succédèrent; un réduit, ayant vue sur les toits du voisinage, s'ouvrit devant nous, et ce fut là où nous installa le valet.

— « Faisons l'accord! » — dit-il d'une voix bourrue, — « Je ne veux pas louer ceci pour un jour, vous m'en paierez quatre. »

— « Quatre!... Mais monsieur, ceci passe raillerie... »

— « Seriez-vous venue chez nous, madame, si Balbi, si Cerni, si Damon, ou tels autres, eussent pu vous loger?... » — Répondre était difficile.

— « Restez vous? » — Je lui jetai la somme exigée; et me voici depuis vingt-quatre heures à Rome, sans avoir vu de Rome, autre chose que les toits, qu'une demi-douzaine de chats qui en font leurs galeries; que les murs de mon galetas; puis quelques appartemens détestables entre lesquels nous avons dû choisir.

— De voitures, de chevaux, on ne saurait en obtenir et demain seulement je puis espérer de reposer un premier regard sur St-Pierre.

Rome 19 *mars* 1834.

Au sortir de Naples, de ses rues populeuses; au sortir de ce tourbillon, où les cris, les ris, les prières s'entrechoquent; peu de choses surprennent comme la morne perspective des rues de Rome. Une solitude presque complète; un air de hauteur répandu sur les traits des habitans; de la propreté dans l'intérieur de la ville, de l'ordre, même de l'élégance dans les cuisines en plein air, et dans les boutiques de comestibles, frappent dès l'abord.

Le vent sifflait aujourd'hui; les Romains, repliés dans leurs manteaux bleus, parcouraient les places silencieuses. De rares voitures cheminaient çà et là ; parfois, on voyait de jeunes artistes, le portefeuille sous le bras, la barbe au menton, se diriger vers quelque galerie célèbre ; bientôt on ne voyait plus rien ; et l'on eut dit Rome balayée par un fléau destructeur, lorsque, enveloppée de fourrures, j'ai visité la place de St-Pierre. Son voisinage ne peut laisser calme. On craint de ne pas s'émerveiller, on voudrait quelque chose de surnaturel dans ses sensations. On passe le Tibre ; la colonade de St-Pierre, St-Pierre lui même, le Vatican, le dôme, les deux fontaines se montrent à la fois..... et l'on gémit, car faut-il le dire, on n'est point émerveillé, on n'est point écrasé, on n'est pas même très étonné !

Cependant, c'est une sublime création que celle du temple ! A la première vue, sans s'en apercevoir peut-être, on est plus occupé de ses émotions que de leur cause ; c'est soi que l'on considère, non l'édifice ; le *moi*, se dresse de toute sa hauteur devant St-Pierre, le moi paraît mesquin, c'est fort simple. L'ame ne sait répondre à ce qu'on attendait d'elle ; l'esprit, la bouche, le cœur, demeurent paralysés, et l'on a du dépit, on a de l'humeur, presque de la honte!... Puis, la façade; ce quadruple rang de colonnes, en demi-cercle; ces deux fontaines qui jaillissent scintillantes, tandis que le soleil colore de ses rayons leur humide poussière; puis ce vaste escalier, qu'on croit être bien près, et sur les marches duquel on discerne à peine un prêtre; cet obélisque, surmonté de la croix; cette place, dans laquelle se meuvent deux ou trois cents personnes sans en diminuer la solitude apparente; ces choses absorbent peu à peu. On se trouve soustrait à soi-même, les entraves tombent; l'on admire!

Le portique du temple, les portes qui en ferment l'entrée sont magnifiques; l'intérieur recèle une si grande masse d'objets splendides que cet aspect effraie, qu'une seconde, on reste indécis sur le seuil, comme si l'hésitation là était permise. C'est le porphyre, c'est l'ambre; c'est le rouge, le vert, le jaune antique; ce sont des coupoles, qui s'élèvent revêtues de mosaïques éclatantes; c'est une voûte qui étincelle; ce sont des monumens qu'on effleure de l'œil allant de l'un à l'autre, et quittant chacun d'eux à regret; c'est le maître autel, avec ses lampes, dont la lueur rougeâtre pâlit sous les feux du jour qui traversent les vitraux peints pour tomber au sein de l'église ainsi qu'un faisceau d'or; c'est le baldaquin, avec ses colonnes de bronze, frappé par des flots de lumière; c'est la statue de St-Pierre avec son pied, qu'ont usé, et qu'usent encore les baisers des fidèles; c'est la Romaine aux traits nobles, qui se prosterne devant lui, et pose ses lèvres sur ce métal, offert à la niaiserie publique; c'est le farouche transtevérin, au sourcil froncé, et qui s'humilie, baise, lui aussi, cette idole des chrétiens; ce sont d'innombrables chapelles, d'innombrables mausolées; c'est un ensemble dont la majesté s'accroît d'heure en heure, c'est un ensemble qu'on ne peut saisir, qu'on ne peut même comprendre, et que l'on fuit avec le sentiment de l'angoisse, avec un véritable éblouissement moral.

Rome, 20 mars 1834.

Enfin, se termine cette journée, dévolue à Nibbi!..... Partie dès l'aube, laissant le *chez moi*, que, depuis hier seulement, j'étais parvenue à me procurer; j'ai abandonné la vaste bergère qui réveillait mon indolence; j'ai détourné mes regards de la flamme qui éclairait l'âtre, pendant que, se découpant sur elle en lignes noires, un fagot de menu bois s'incendiait par degrés. Avec une résolution désespérée, j'ai réuni *Valery*, *Nibbi*, le plan de Rome; les notes de celui-ci; les indications de celui-là; je me suis élancée dans ma voiture; puis compulsant, extrayant, méditant, j'ai accompli les deux-tiers environ de la *prima giornata*. Demain j'essaierai d'exécuter la seconde; quant à la troisième, je défie qui que ce soit au monde de l'entreprendre, à moins, pourtant, qu'il ne veuille en faire la dernière de sa vie.

Hélas! on ne sait pas quels tourmens sont attachés au séjour de Rome; le catalogue des richesses qu'elle contient est un dédale à la lecture duquel on frissonne. Former le dessein de la visiter consciencieusement, n'y employer qu'un mois, c'est dans un autre genre et pour son usage particulier renouveler le supplice des Danaïdes; suivre un itinéraire c'est se lier une pierre au cou. Pour jouir de la ville aux sept collines, il faudrait qu'un premier voyage fût le second; et que, familiarisé avec les beautés de convention qui diminuent l'effet de ses beautés réelles, on pût se consacrer uniquement aux chefs-d'œuvre qui exigent un esprit libre ; desquels on n'approche que las, impatient de retrouver un équilibre moral, que détruisent infailliblement les *giornate*, et désireux avant tout d'achever ce qui semble n'être qu'une tâche !

Courir de *Santa-Maria del Popolo* à *Santa-Maria de Miracoli*; de Santa-Maria de Miracoli à *Santa-Maria in via lata*; de Santa-Maria in via lata à *Santa-Maria Maggiore*; de Santa-Maria Maggiore au palais *Doria*; du palais Doria au palais *Ruspoli*; du palais Ruspoli au palais *Sciarra*; de ce dernier au temple d'*Antonin*; du temple à la colonne, de la colonne à l'obélisque, de l'obélisque aux fontaines; puis aux temples encore, et aux églises, et aux palais, et aux fontaines, et aux colonnes; ont été là mes travaux herculéens... *surherculéens*, devrais-je dire, car le Dieu qui dompta le lion de Némée, qui étouffa le serpent, qui nettoya les écuries d'Augias, aurait reculé, avec un frémissement d'épouvante, à l'aspect des galeries de tableaux, des chapelles, et des souterrains que j'ai vus aujourd'hui.

Derrière le voile sombre que la fatigue a jeté sur mes idées, quelques impressions cependant se dessinent encore. Les cent œuvres médiocres des cent peintres ignorés, que j'ai dû contempler, n'ont point effacé chez moi le souvenir des créations du *Titien*, du *Caravache*, de *Léonard de Vinci*, du *Guide*, du *Cavalier d'Arpino*. *La belle femme*, les *trois joueurs*, *la Modestie*, *la Vanité*; les *Magdeleines*, l'*Ecce Homo*, se retracent à ma mémoire aussi brillans de génie, que si de fastidieuses séances n'eussent point affaibli mes forces intellectuelles.

Trois jours à peine sont passés depuis que j'habite Rome, et l'on m'a conté cinq à six histoires d'assassinats. On tue sur les escaliers de la place d'Espagne; on tue vers le Capitole, on tue sur la rive droite du Tibre; on tue sur la rive gauche. Un tel a été précipité du Monte Pincio; un autre a reçu quatre coups de couteau dans le cœur. On a recueilli dans *Via* je ne sais quelle, le corps d'une jeune fille percé de part en part. De tels récits contribuent puissamment à nourrir la mélancolie qu'inspirent ces lieux.

Cette vie, employée à évoquer des souvenirs, (dire souvenirs, c'est dire cessation d'existence, mort) cette vie imprime à l'ame une tristesse vague, qui augmente chaque jour, et, pour être impossible à définir, n'en demeure pas moins douloureuse. Rien à Rome, qui vous sorte violemment de vous-même; tout se trouve en harmonie avec les sensations fâcheuses qui vous abattent. Si le ciel est aussi pur, si les rayons du soleil s'échappent aussi radieux qu'à Naples, ils tombent sur des ruines, et la teinte sombre de ces dernières en absorbe l'éclat.

Ce sont, le jour, des cérémonies funèbres, des hommes voilés, des cierges, des moines; c'est un cercueil dont l'or et la pourpre ne sauraient dissimuler l'emploi ; c'est un cadavre, que cet orgueilleux étalage fait plus hideux! La nuit, ce sont des chants lugubres, c'est le bruit d'une cassette que l'on secoue avec cette prière. — *Pour vos ames parentes torturées en purgatoire!...* — On dirait que chaque physionomie déguise une mauvaise pensée; les regards n'ont pas cette jovialité qu'on rencontre dans les yeux napolitains, et la méfiance gagne insensiblement le cœur.

Rome, 21 *mars* 1834.

Je suis retournée à Saint-Pierre. Des échaffaudages en bois brut, se pressaient à côté du baldaquin ; des poutres se prolongeaient d'une chapelle à l'autre, et barraient le passage; des ouvriers, parlant à voix haute, transportaient avec fracas quelques planches mal jointes. Des échelles roulantes étaient poussées en divers sens; on établissait des gradins, on frottait, on balayait, on nettoyait; le bruit du marteau, celui des blocs qu'on laissait choir le cri de la hache, le grincement de la scie, résonnaient sous les voûtes. L'on eût dit les préparatifs de quelque fête somptueuse; et au lieu de la paix qu'elle vient demander au sanctuaire, l'ame n'y trouvait qu'agitation, que scandale.

Je me suis placée derrière le maître-autel, dans cet enfoncement dont aucun son étranger ne violait la sainteté. Là, on respire l'odeur de l'encens; de là on voit les rayons se précipiter du haut de la coupole, ainsi que des nuages d'argent sur un fond de pourpre; et la splendeur des dômes, l'immensité de l'édifice; ses chapelles, éclairées par la flamme de quelques lampes suspendues, rien n'échappe. On se prend à rêver devant ces tombes qui renferment des ossemens, et immortalisent le génie d'un artiste; on se prend à rêver devant ces statues expressives dont le silence s'élève immuable contre la puissance de l'homme.

On voudrait errer dans le temple, un livre à la main; on voudrait s'assoir auprès de cette colonne, s'égarer sous ces arcades; puis admirer ce que personne encore n'a désigné à notre admiration. On voudrait écouter les prières des moines; on voudrait joindre sa voix à la voix pure de la paysanne, dont le front voilé s'abaisse aux pieds du Sauveur étendu sur la croix; on voudrait saisir les paroles naïves du campagnard vêtu d'un drap troué par l'usure, qui vient, les pieds nus, contempler l'église de Saint-Pierre; toucher du doigt l'or qui étincelle, le marbre qui brille; se prosterner vers une image révérée, et murmurer quelques mots inachevés, en promenant ses regards sur les merveilles de ce lieu. On voudrait suivre la multitude qui accourt dans la chapelle à l'heure des vêpres; et fuyant la société étrangère, fuyant les belles Dames, avec leurs robes de moire, étalées sur le banc de chêne; on voudrait se retirer à l'écart; on voudrait examiner cette foule de prêtres, de séminaristes, qui se glissent dans les parvis.

Que de lumineuses physionomies sous cette calotte noire, poids de fer sur les pensées! Combien ces joues paraissent amaigries auprès des mêches de cheveux bruns, qui se bouclent autour d'elles. Quel feu dans ces prunelles foncées!.... On dirait que, là, parlent en jets de lumière, ces voix qu'on étouffe au fond du cœur. On sent que, là, sous ces traits, masque empreint d'indifférence, quelque douleur secrète gît amère. Là, percent des sourires; là, scintillent des regards, dont l'expression déchirante semble être un reproche, et fait mal!

Puis.... là aussi, s'épanouissent de ces gros et joyeux visages de moines, tels que nous les a dépeints Boileau; là, s'étalent des ventres arrondis, dont la vaste circonférence proclame les talens du frère cuisinier.... Là encore, s'étend un voile mystérieux, dont les plis ne sauraient dérober le désespoir, et ses formes gigantesques. Là, on se souvient des Borgia, on se rappelle Clément XIV, sa mort; là, un vaste champ s'ouvre à l'imagination; et c'est seulement à l'examen moral de Saint-Pierre, qu'on commence à concevoir, quelle haute, quelle sublime.... mais quelle *profane* poésie recèle la religion catholique.

Rome, 22 mars 1834.

Nous entrâmes, hier, à dix heures du soir, sous les arcades du Colysée. La sentinelle, grelottant dans son manteau brun, marchait à pas mesurés, pendant que les lueurs d'une lampe, fixée dans le mur, mouraient sous les profondeurs de l'édifice.

Le Colysée, géant de l'antiquité, dont le squelette stupéfie aujourd'hui les descendans de ces barbares, qui parsemaient autrefois l'arène des lambeaux de leur chair sanglante; le Colysée m'apparut environné de ses prestiges. — La lune, montant derrière les ruines, projetait un reflet blanc qui se confondait par degrés à la nuance azurée des cieux, puis se perdait bientôt, vaincue par l'éclat du firmament.—Un côté de l'édifice, déchiré par les siècles, se dessinait sur la partie lumineuse du ciel, avec ses grandes échancrures, avec ses voûtes, avec ses pampres, et ses arbrisseaux; l'autre, presque entièrement conservé, se détachait à peine sur le voile ténébreux qui l'enveloppait. D'élégans arceaux, cadres noirs, au milieu desquels on voyait de temps à autre reluire une étoile, se découpaient sur l'espace qui faisait ressortir leurs contours; quelques débris de colonnes, quelques piédestaux brisés, quelques fragmens de statues gissaient à terre; une croix s'élevait dans l'arène, et sa forme simple surpassait en majesté les formes colossales qu'on eût dit devoir l'écraser. Entourée de chapelles, elle dominait; là, où le sourire de l'ironie sur la bouche, l'ivresse de la férocité dans les yeux, les Romains se repaissaient, naguère, des douleurs de ses martyrs; redressaient un front hautain à la chute de chacun d'eux; comme si l'ame, comme si la foi, comme si le christianisme, se fussent éteints avec leurs vies qui s'exhalaient. Parfois, la flamme rouge d'une torche passait d'arcade en arcade, tour à tour cachée ou resplendissante; un bruit lointain de cloches remplissait l'air; les unes tintaient claires, les autres basses, sonores; toutes se réunissaient pour composer une harmonie céleste, qui s'infiltrait dans l'ame, et la pénétrait d'une indéfinissable mélancolie. Une paix profonde, interrompue d'intervalle en intervalle, par la voix du guide, régnait dans l'enceinte, se prolongeait insensiblement jusque sur le cœur et le glaçait; car c'était là plus que de la paix, plus que du calme; c'était l'immobilité de la tombe.

Quelques rires, qui eclatèrent tout-à-coup au sein des ruines, m'arrachèrent brusquement à ces impressions. Deux Allemands, une bouteille à la main, entonnèrent je ne sais quelle chanson patriotique, pendant qu'une dame aux cheveux blonds, les bras et les yeux dirigés vers la lune, valsait au pied de la croix. Je sentis un mouvement d'indignation ébranler mes nerfs, mais.... il me fallut céder; en trois secondes je fus dans ma voiture; et malgré ces chants, j'emportai mes souvenirs aussi purs que si les restes du Colysée n'eussent point été profanés.

CHAPITRE XXX.

CHAPELLE SIXTINE. — FORUM. — SAINT-PIERRE. — LES RELIQUES. — LE MISERERE. — LA LAVANDA.

Rome, 23 mars 1833.

C'est aujourd'hui qu'a commencé la semaine ou plutôt *la bataille sainte*. Le pape bénissait les rameaux à la chapelle Sixtine; dès huit heures du matin, les rues qui aboutissent à St-Pierre étaient encombrées; et la cérémonie, semblait avoir fait renaître par enchantement cette masse anglaise, russe, ou tudesque dont j'espérais un instant voir Rome délivrée. —Partagée dans sa longueur, par un treillis, la chapelle renfermait, d'un côté, les princes, la noblesse, la bourgeoisie, le peuple de l'église ; de l'autre, le roi, la reine de Naples, venus pour les fêtes ; puis leur cour, les étrangers de distinction, les femmes, et tout ce qui, possesseur de coudes aigus, ou de poings vigoureux, parvenait à se frayer un passage dans la foule résistante.

L'égoïsme brillait sur la plupart des visages, s'adaptant avec une égale perfection à chacun d'entre eux. On ne voyait que physionomies maussades, que figures refrognées, que regards colères. Celui-ci gros et gras, un sourire distrait sur les lèvres, s'asseyait près du misérable, que sa rotondité mettait au supplice, sans daigner s'apercevoir des contorsions de sa victime. Celui-là, taillé dans les proportions d'un géant, se haussait sur la pointe des pieds, et relevant sa chevelure, jetait par dessus l'épaule un regard nonchalant au nainbot disgracié, qui s'agitait en vain derrière lui. Cet autre, établi fort à son aise sur l'extrémité d'un banc, soufflait dans ses joues avec importance, et couvrait du pan de son habit l'étroit espace convoité de loin par l'être souffrant qui se hâtait, puis découragé retournait sur ses pas. Là, s'élançant à l'improviste sur le siége qu'elle avait obtenu, une femme, l'air effronté, la prunelle hardie, s'y plaçait debout, et demeurait inébranlable au centre de la multitude, dont les nombreux sarcasmes ne l'émouvaient pas. Quelque autre remuait, sans paix ni cesse, son chef hérissé de nœuds; découpant de cent manières l'intérieur de la chapelle, elle cachait, ici, une tête; là un bras; de ce côté le trône; de celui-là, le groupe des cardinaux; et désolait ceux que le hasard, ou le maître des cérémonies, avaient relégué derrière elle. Chacun portait son *moi* écrit en lettres majuscules sur le front; et depuis la victime du *moi* des autres, jusqu'au *moi* victorieux, tous le défendaient avec une même ardeur.

Le mien supplicié, s'est prudemment retiré de la mêlée. Après deux heures passées à ne voir du pape que la thiare; des cardinaux qu'un peu d'hermine; de l'autel qu'un cierge; je fuyais dans la salle voisine, lorsque accompagnée de la foule, que ne pouvaient retenir les hallebardes des Suisses, la procession a défilé près de moi.

Entourée de la garde des Helvétiens revêtus de leur antique et pittoresque costume, la salle offrait alors un coup d'œil remarquable. Rien, il est vrai, qui pût rappeler aux assistans la présence de l'Eternel; rien qui touchât le cœur, rien qui le remplît d'un trouble salutaire; les émotions chrétiennes étaient dans le petit nombre de celles qu'on n'y rencontrait point; à la vérité, un bien petit nombre les y cherchait. Cependant, à l'exception du pape, dont la pose languissante, dont les paupières baissées, dont les traits paisibles, annonçaient le calme du sommeil; à l'exception du pape, et *mondainement parlant*, c'était là un noble spectacle.

Des moines, envoyés par différentes congrégations, ouvraient la marche, chargés des rameaux bénits le matin; les évêques, la mitre en tête, les bras croisés, s'avançaient lentement avec leurs riches et lourdes robes violettes; les cardinaux, âgés, débiles, se traînant avec peine sous la pourpre, sous l'or et les pierreries dont ils étaient couverts, précédaient immédiatement le fauteuil étincelant sur lequel reposait le pape.

A peine cette fastueuse promenade était-elle terminée, que, laissant la masse s'entasser de nouveau dans la chapelle, afin d'y entendre une *funzione*, dont je savais l'uniformité désespérante, je me suis dirigée vers la grande place; heureuse de respirer un peu d'air pur, de voir un espace libre, du soleil surtout; et préférant la splendeur de ses feux, aux somptuosités factices, qui ne me sauraient éblouir.

Rome, 24 mars 1834.

Les cérémonies de la semaine-sainte, interrompues pendant deux jours, m'ont laissé le temps de parcourir le Forum. — Une journée parmi ces vestiges est intéressante; on ne se lasse point à contempler ces colonnes, ces grandes voûtes, ces obélisques, ces arcs de triomphe; ce contraste de la verdure si tendre du printemps avec le ton jaunâtre et terne des monumens qu'elle embrasse; cette nature vivante, ancrée sur les chefs-d'œuvre de l'art qui se meurt; puis au-dessus du tableau un ciel dont l'éclat embellit ses moindres parties !

Un voyageur, le livre de notes ou l'itinéraire à la main, se promène seul dans le Forum; s'arrêtant ici, cheminant là; fuyant à votre arrivée, envieux aussi, et plus que vous, d'incognito, de liberté. Le paysan des environs passe sous les arcs de Constantin, de Titus ou de Septime-Sévère, auprès desquels son âne, et lui, semblent des atomes. Des enfans, rassemblés vers les fouilles nouvelles, se glissent sur la terre fraîchement entassée qui dérobait des fragmens précieux, ou jouent au palet sur le pavé d'un temple; les alentours sont abandonnés, et on y oublie le tumulte, les misères d'une grande ville.

Le Colysée, vu de grand jour, m'a paru bien inférieur au Colysée vu de nuit, ou plutôt de lune. Les réparations qu'on y a faites à plusieurs reprises prennent l'apparence de taches grossières au milieu de ces ruines tapissées de fleurs, dont une bonne volonté malencontreuse a détruit l'harmonie. La régularité parfaite de ces bâtisses tranche d'une manière fâcheuse avec les arceaux rompus, dont les extrêmités à peine recourbées semblent chercher à se réunir; et ces larges pans de murs empreints des traces que laissent la truelle et le mortier, sont impoétiques, attristans même, à côté des pompes de la destruction.

J'ai été ce matin au Panthéon; la beauté de ses ornemens, opposée à l'indigente simplicité du pélerin, qui venait s'agenouiller sur le parquet, baiser ses croix dorées, formait un contraste heureux, qu'offre souvent l'intérieur de St-Pierre. Le dôme ouvert du temple, le ciel bleu que l'on voit au travers; ces nuages qui s'approchent, le voilent et disparaissent peu à peu, m'ont particulièrement souri. J'aime une église voûtée par les cieux; l'ame ainsi placée s'adresse plus immédiatement à son créateur ; rien (je l'ai éprouvé) rien qui relève l'espérance, rien qui calme la douleur, comme la vue de cet espace infini, où l'œil, sans rencontrer d'obstacles, s'enfonce, puis s'égare; et le Panthéon avec son dôme, chef-d'œuvre d'architecture, de perspective; le Panthéon avec sa paix, ses parfums, sa fenêtre dans le ciel, fait naître le recueillement dans mon cœur.

Le soir, onze heures.

Je reviens de St-Pierre; après le Colysée, au clair de la lune; c'est là ce que je préfère dans Rome. On n'y trouve point, il est vrai, ces souvenirs des premiers temps, dont les restes nous inspirent de l'étonnement, à nous, hommes de la civilisation et du progrès. Mais le moyen âge, mais les papes, mais les ténèbres qui planent sur la vie de quelques-uns; les vices qui ont souillé celle de quelques autres; l'inertie, le malheur qui signalaient celles du grand nombre, nous causent une émotion vague que ne peuvent exciter au même point ni les hauts faits d'armes des Romains, ni ces œuvres immenses dont les siècles nous séparent, dont la mémoire nous écrase.

Sous ces voûtes, maintes pages de l'histoire se déroulent, claires à notre pensée. Chaque prêtre, aux joues creusées, à la tête basse, qui marche près de nous, semble être une clé à l'énigme; une révélation des secrètes douleurs du cloître; il fait concevoir ces ruses, ces menées, ces crimes odieux, résultats de la réclusion. On comprend là cette vigueur du papisme que soutiennent mille voix; mille voix puissantes de cette force que donne le mépris des hommes, le mépris de leur opinion; une infernale audace, avant tout, le mystère! On aperçoit là le tissu de ce grand filet qui s'étend sur le monde catholique, qui cherche à l'étreindre, et dont on refait en silence les mailles que, dans son demi-réveil, rompt le géant, qu'on s'essaie à surprendre, pour le mutiler plus tard; c'est là qu'on gémit en s'assurant que le pouvoir monacal, si grièvement blessé, est bien loin encore de l'agonie.

Ce soir, par-contre, rien de cela. Le portique du temple était fermé; ses escaliers déserts. Une seule lampe brûlait sous les colonnades, l'obélisque projetait derrière lui son ombre mince et les deux fontaines, caressées par les rayons de la lune, paraissaient surmontées de vapeurs brillantes dont les contours m'échappaient sans cesse. Tantôt, c'étaient les plis d'un voile que je croyais saisir; les formes élégantes d'une femme se dessinaient au-dessous; on eût dit quelque fantôme plié dans un linceul, appuyé, rêveur, sur le piédestal de la fontaine. L'apparence mensongère se dissipait, remplacée par une autre, l'image d'un paon, dont l'aigrette scintillante, dont la queue arrondie s'étalaient ainsi qu'une gerbe de cristal, lui succédait à son tour; et, debout, rangées deux à deux sur le toit en terrasse, se découpaient les statues dont l'immobilité seule trahissait *l'inexistence*, tandis que le murmure des eaux, étouffé le jour par le bruit des voitures, se faisait entendre uniforme dans la place.

Redire la solennité de ce moment me serait difficile; il y avait là quelque chose de divin; ces lueurs, cette solitude, St-Pierre, trône du catholicisme, l'Italie, Rome, ses vingt siècles de gloire, d'infortune ou d'avilissement, jamais de sommeil, excitaient une foule de pensées dont on ne peut rendre le chatoiement continuel.

Rome, 25 mars 1834.

Quel dommage de ne point avoir foi aux reliques, et combien cette raison opiniâtre, qui nous escorte, qui nous *poursuit*, devrais-je dire, ne nous ravit-elle pas de jouissances naïves, ne dessèche-t-elle pas notre cœur; mettant le doute à la place d'une crédulité conservatrice de la poésie, nous cuirassant d'argumens et de répliques, comme si la vérité était toujours douce à connaître, la lumière toujours préférable aux ténèbres!....

Que d'angoisses ne nous a point amenées cette raison flétrissante, cette raison qui creuse, qui déchire, qui annule ce qu'elle ne peut expliquer, qui promène son flambeau sur nos illusions, nous fait chimère ce que nous croyons réalité, mort ce que nous croyons vie, tourment ce que nous croyons bonheur !... — Pourquoi, sous le prétexte qu'il est factice, dangereux ou fragile, le chasser ce bonheur?..... Quelle que soit sa durée ou sa qualité, n'est-il pas *du bonheur?*.. n'est-il pas ce rayon de la gloire céleste que le Tout-Puissant a laissé parvenir jusqu'à nous?..... n'est-ce pas le but que chacun s'efforce d'atteindre, se hâtant, renversant ce qui s'oppose à la rapidité de sa course...... tombant près de le joindre, et le voyant reculer jusque dans les profondeurs de l'éternité?..... Cependant elle nous l'arrache avant même que nous en ayons reçu les premières impressions !.....

Revenons aux reliques. — St-Jean de Latran contient celles qui m'ont dicté ces réflexions ; c'est là que, passant, droite, presque fière, devant les fragmens de pierre ou de bois qu'on regardait, prosterné ; c'est là que, restant impassible aux récits du sacristain, je me suis prise de haine contre moi-même d'abord, puis contre cette raison qui me faisait *froide*, qui me faisait *ergoteuse*.

Combien j'aurais voulu croire à la sainteté de ces marches que les fidèles montent à genoux, posant leurs lèvres sur chaque degré.

— « Ceci est l'escalier de Pilate !..... » disait le prêtre, « Notre Sauveur y reçut sa sentence, ce fut de là qu'il se tourna vers saint Pierre, qui le reniait pour la troisième fois ! »

— « C'est possible !.... » balbutiais-je, une larme sous la paupière, près d'adorer ainsi que la foule. « C'est possible !...... » *Mais c'est bien difficile !* répondait sardoniquement une voix intérieure ; et j'étais glacée, mon cœur se serrait de regret !....

Combien j'aurais voulu croire à l'authenticité de cette table sur laquelle Jésus mangea la pâque avec ses disciples ! Une grille de fer la cachait à demi, les gens de la campagne venus pour les fêtes se pressaient autour d'elle, le respect, presque l'effroi, peints sur les traits ; du doigt ils effleuraient le trou circulaire qui, disait le moine, se forma justement à la place qu'occupait *Judas Iscariot* ; ils murmuraient une prière, leurs yeux brillaient, ils avaient *touché* la table sacrée. A voir ces physionomies resplendissantes, on eût dit entendre les récits du retour faits durant la veillée, à la femme, aux enfans, au vieux père, retenus dans la chaumière par l'âge, par les travaux ou par la faiblesse. Et *moi*, moi détestable, j'étais indifférente !

Combien j'aurais voulu croire à ces colonnes du temple de Jérusalem qui se rompirent au dernier soupir du Christ, et dont on montre encore les fragmens. Combien je voudrais croire à la mesure exacte de la taille du Sauveur, et que ne donnerais-je pas pour n'avoir point souri, lorsque l'un de nous s'appuyant contre la colonne désignée, le sacristain s'écria en haussant les épaules....

— «Hélas!.... c'est inutile... les hommes seront toujours ou plus petits ou plus grands!... aucun d'eux ne peut espérer de parvenir juste à la hauteur du fils de l'Eternel!... »

Que je voudrais croire à ces richesses de l'église qui entretiennent la foi du pauvre, qui font l'ame pieuse, qui la font reconnaissante.... et qui m'ont laissée sceptique, chagrine!...

Rome, 27 mars 1834.

Le *Miserere* devait s'exécuter hier à cinq heures et demie dans la chapelle sixtine; dès trois, tout était comble jusqu'à ses couloirs. L'ennui d'une aussi longue attente ne peut s'exprimer. Il est insupportable de se tenir en équilibre sur le quart d'un siége, de respirer un air chaud que tant d'autres ont déjà reçu dans leurs poitrines. Il est insupportable d'avoir pour horizon un chapeau dont les fleurs s'élèvent à la hauteur de votre rayon visuel, de se sentir pressé devant, derrière, par côté, presque dessus, si le sort a mis auprès de vous quelque personne de taille surféminine. Pendant deux heures, j'ai souffert, moralement et physiquement oppressée. Un plainchant d'éternelle durée m'assourdissait ; au lieu de l'obscurité qu'on m'avait annoncée, je voyais le grand jour éclairer les toilettes des femmes réunies là. J'entendais rire, j'entendais causer à mes côtés ; mes pensées sérieuses s'envolaient une à une, la sainteté du lieu me semblait profanée, et rien au monde ne saurait m'engager à subir deux fois cette épreuve.

Comme le jour commençait à baisser, une harmonie mystérieuse est descendue des cieux, c'était là ce *Miserere* acheté si cher! On s'est tu, et les cierges éteints ont plongé la chapelle dans une demi-obscurité favorable à la méditation. Mais pour absorber l'oreille tendue, ces accords, qui semblaient arriver de loin, puis s'enflaient peu à peu et faisaient trembler la voûte sous leur puissance; pour goûter ces créations sévères auxquelles les voix argentines de la chapelle prêtaient une nouvelle mélancolie ; pour serrer dans son cœur ces notes pénétrantes qui rappelaient tour à tour les sons de l'harmonica et les modulations vagues, inachevées d'une harpe éolienne ; pour être ébranlé, pour recueillir le fruit de son support, il eût fallu ne point avoir à *supporter!*

A peine le roulement final eut-il retenti dans la chapelle, qu'on se jeta vers les issues.
— « *Alla Lavanda.... alla Lavanda!......* » criait-on. — « *Alla trinita de Pellegrini, sù, andiamo, forte, coraggio!......* » et chacun de rentrer la tête, de croiser les bras, de pousser, de marcher, d'arriver enfin.
— « Mon mari, mon mari!.... » murmurait dans la mêlée une femme éperdue, qui cherchait de tous côtés, et ne rencontrant que souris moqueurs, pleurait de fatigue à la fois et de dépit.
— « Ma mère!...» — bégayait un autre dont les joues pâles faisaient mal à voir.
— « *Mon frère!.... Ma sœur!.... ici.... venez.... Non!..... Plus loin!....* — Puis les piaffemens des chevaux dans la place, les cris de terreur arrachés par le dragon qu'on voyait s'élancer au grand galop et sabre nu sur la

multitude; les prières, les menaces proférées dans vingt langues composaient une horrible confusion.

— « Alla lavanda!..... » — Dîmes-nous, lorsqu'ayant retrouvé ma tante au travers du peuple qui fuyait, des chevaux qui se cabraient et des voitures qui s'accrochaient les unes aux autres, nous eûmes réussi à monter dans notre coupé.

— « Alla lavanda!..... » — M. D*** nous quitta, le cocher partit. M. de L*** nous avait parlé de cette fonction comme d'une chose intéressante à connaître; voir les princesses romaines servir les pélerines, leur laver les pieds, toucher ces peaux noires de leurs lèvres me paraissait curieux. Je sacrifiai ma soirée à ce spectacle; et la scène comique, les détails plaisans que je remarquai là me récompensèrent au-dessus de l'attente !

Il était huit heures du soir quand nous entrâmes dans le couvent; le malheur, ou le bonheur, voulut que nous y entrassions les premières. Deux salles bordées de chaque côté par une table longue, s'étendaient devant nous; des femmes vêtues de noir, un tablier rouge fixé sur la robe et placé sur le cœur, un médaillon de maroquin représentant le Christ crucifié peuplaient les corridors, donnant à celle-ci des ordres péremptoires, s'adressant courtoises à celles-là, portant de concert avec les prêtres, tantôt une corbeille de pain, tantôt un plateau chargé de poisson frit; et courant et bourdonnant ainsi que des abeilles devant une ruche. Quelques dames âgées couvertes de pierreries jetaient des regards hautains ou bienveillans auprès d'elles, selon que la femme d'un avocat ou celle d'un sénateur passait dans la salle. Ces mots: *ma sœur, mon père, grazie tante, servo umilissimo, padrona, padronissima, eccelenza, eccelentissima,* bruissaient constamment autour de nous.

C'était un conflit de révérences, d'embrassades, de paroles mielleuses derrière lesquelles on discernait parfois l'expression de l'inimitié. Sous les dehors d'une union parfaite se dissimulaient des rivalités mesquines dont on suivait les mouvemens et les résultats comme au travers d'un cristal; telle phrase douce cachait un dard empoisonné dont la piqûre faisait rougir la victime. La haine dans le cœur d'un petit, la haine dans le cœur d'un grand; l'une concentrée, l'autre hardie se mouvaient sous mes yeux. Plus d'un baiser me rappela celui de Judas et mon seul regret était de ne pas tenir, dans cet instant, la plume de M. Théodore Leclercq sous mes doigts.

Appuyées contre la balustrade du fond, nous n'avions encore attiré la curiosité ou la malveillance de personne, quand une dame de quarante ans nous aborda et me saluant à peine.

— « Depuis quand êtes-vous ici?.... » demanda-t-elle; je la considérai quelques secondes.

— « Depuis un quart d'heure! »

— « Hem!.... c'est bien! » — Après un coup-d'œil examinateur et quelques pas rétrogrades, elle revint à la charge.

— « Qui vous a conduites ici?.... »

— « Le désir d'assister à la cérémonie. »

— « Oui!.... vous ne savez peut-être pas qu'une présentation à la Prieure est indispensable? »

— « En vérité, non! »

— « Vous ne devez donc..... » — Les sœurs, les pères se rassemblaient en cercle, je sentais mon cœur battre bien fort. Interrompant mon interrogatoire:

— « Ne peut-on, Madame, repris-je, c'est la première fois que cette formule de politesse se trouvait employée.... — « Ne peut-on nous présenter maintenant?.... Auriez-vous l'obligeance de le faire, et ne suffirait-il pas d'informer madame la Prieure de nos intentions, de notre nom?.... »

La sœur me pria de l'accompagner; chuchotant deux minutes avec une femme de haute stature qui s'avançait escortée d'un prêtre, elle me quitta, car c'était là madame et redoutée Prieure, princesse O...., duchesse***, etc., etc.

Parvenue vis-à-vis de nous, la Prieure, qui feignait d'ignorer notre présence, s'arrêta soudain.

— « Qui.... vous a dit.... de venir ici?.... » commença-t-elle avec un accent dédaigneux. Je demeurai sans voix.... Ah! j'aurais voulu quelque poignant sarcasme pour humilier cette femme!.... — Elle se retourna lentement vers le prêtre, il ricanait.

— « Qui vous a fait connaître la *funzione*?... Qui vous a.... »

— « L'ambassadeur.... » — Je n'en pus dire davantage.

— « L'ambassadeur de ?..... » — reprit-elle ironiquement....

— « De France!.... » répliquai-je d'un ton ferme, ce mot me donna du courage; à mon tour je l'examinai, laissant errer sur ma bouche le plus impertinent sourire. Deux rides sillonnèrent le front de la Prieure ; puis : Votre ambassadeur, » me dit-elle avec un mouvement de tête significatif, — «Votre ambassadeur ne sait ce qu'il.... » — Un geste du prêtre coupa la phrase.

— « Ne sait, balbutia la Prieure, — ne sait.... qu'il faut.... une présentation officielle et.... »

— « A Dieu ne plaise que je vous dérange, Madame, ma voiture nous attend là dehors, je vais.... »

— «Scusa, scusa, » s'écria le prêtre, — « l'eccelenza, — en montrant la princesse — l'eccelenza a fatto errore.... e se l'eccelenza — en s'adressant à moi : — se l'excelenza vuol favorisci dell' onorabilissima sua presenza?...»
— Je ne crus pas devoir entendre.

— « Si.... mesdames.... désirent assister à la lavanda.... » murmura la princesse avec une expression de dépit; un *mille graces* à peine articulé fut mon unique réponse, puis.... je restai; car mon but était de pénétrer là, je serais demeuré presque à tout prix, et cet épisode communiquait une vive couleur au tableau.

Les pélerines, les *sœurs de la lavanda* se rendirent dans le local destiné à la cérémonie. Une rangée de petits baquets revêtus de fer-blanc étaient disposés sur un gradin; des canaux pratiqués dans le mur environnaient la salle; deux robinets, l'un d'eau chaude, l'autre d'eau froide, s'ouvraient dans chaque seau ; les pélerines y avaient mis leurs pieds nus, et au signal donné par la princesse O..., les sœurs s'agenouillèrent, lavèrent, essuyèrent, baisèrent; tandis que les paysannes toutes honteuses s'efforçaient, la rougeur sur leurs joues basanées, d'épargner aux princesses une tâche qui paraissait avilissante. Il y eut un moment où l'aspect de ces grandeurs mondaines prosternées devant la pauvreté et ses plaies, me causa de l'émotion.... Mais les petitesses de l'antichambre me revinrent à la mémoire, et mon cœur se ferma.

Les pélerines me semblèrent à peindre ; des pièces de toile blanche posées sur des têtes noircies par le soleil, faisaient ressortir ces figures de bohémiennes à la Walter Scott, ces grands yeux foncés dont la cornée avait l'éclat de la perle; et leurs costumes des montagnes, les joyaux bizarres qui se jouaient sur leurs cous ridés ajoutaient puissamment à la physionomie de cette scène.

Du potage, quelques poissons, des fruits, de la salade leur furent offerts en guise de repas. On se sépara bientôt, et ce ne fut pas sans un sentiment de regret que je songeai à toutes les aumônes auxquelles pourraient suffire les seuls intérêts des fonds employés à construire, à entretenir ces salles, à la joie qu'éprouveraient ces pauvres femmes si, au lieu de frotter leurs pieds avec des mains mignonnes, les princesses faisaient don à chacune d'elles d'un vêtement complet, souvenir *réel* de leur séjour dans la ville sainte.

CHAPITRE XXXI.

SECONDE LAVANDA. — SAINT-PIERRE ET SAINT-MARCEL. — LES CONVERTIS. — L'ILLUMINATION. — LA GIRANDOLE.

Rome, 29 mars 1834.

Une multitude bigarrée se précipitait hier sous les coupoles de Saint-Pierre. C'étaient des Suisses enfermés dans leurs cuirasses brillantes; c'était la garde du pape avec son uniforme sombre; l'habit écarlate des officiers anglais semblait se multiplier; de temps à autre quelque magnat hongrois, quelque housard allemand venait étaler avec complaisance son costume splendide ; le corset rouge des femmes de la campagne se distinguait de loin ; et le peuple qui affluait dans le temple paraissait en accroître ces dimensions !

Deux heures d'attente sur les gradins réservés, une chaleur affreuse, des prêtres arméniens revêtus de robes blanches, coiffés d'un bonnet de même couleur et représentant les apôtres ; le pape, ses cardinaux, lavant, baisant, ainsi que l'autre jour lavaient et baisaient les princesses, telle a été cette cérémonie, vraie simagrée à laquelle il était impossible de rattacher une pensée religieuse.

Rome, 30 mars 1834.

Nous assistâmes hier à deux fonctions qui m'intéressèrent. La première consistait en l'exhibition des reliques faite dans Saint-Pierre ; la seconde, ayant lieu à Saint-Marcel, se composait de prédications, puis de musique sacrée.

Il était presque nuit lorsque nous arrivâmes à la basilique ; le *Miserere* plus majestueux, plus déchirant sous les solitaires arceaux du temple que dans l'espace étouffé de la chapelle sixtine, allait être terminé, je pus en saisir les derniers sons. De rares cierges brûlaient sur l'autel; à l'exception d'une chapelle ardente, le reste était ténébreux; cette obscurité prêtait à Saint-Pierre une apparence mystérieuse que je ne lui connaissais pas encore. Les mausolées ressortaient sous la lueur terne qui s'échappait des vitreaux supérieurs, près d'eux se laissaient deviner d'expressives figures italiennes, et parfois un prêtre, une femme, se glissaient dans quelque chapelle ignorée.

Sur l'un des balcons de la coupole scintillèrent tout à coup deux guirlandes de lampions, tandis qu'une procession de pénitens blancs, guidés par la flamme des cierges qu'ils portaient, s'avança vers le grand autel avec de lugubres psalmodies.—Rien qui fasse naître d'aussi tristes pressentimens que ces notes plaintives; elles viennent fouiller dans l'ame pour y chercher la douleur, pour couper ses entraves, et leur monotonie que rien n'altère, forme avec le trouble du cœur une opposition qui l'augmente.

Les accens cessèrent, il se fit un silence absolu; sur le balcon, ligne de feu tracée dans l'ombre, parurent successivement les clous qui percèrent les membres du Christ, le linceul dont on l'enveloppa, puis un morceau de la vraie croix.

Les pélerins, le collet de cuir sur les épaules, les coquilles fixées sur la poitrine, le long bâton de bois blanc aux mains et retirés au fond de recoins obscurs, composaient des tableaux ravissans de candeur. Les femmes romaines, leurs cheveux noirs tressés sous un peigne d'or, se mêlaient aux paysannes étrangères; quelque homme, replié dans un vaste manteau, priait à voix basse auprès de la jeune dame voilée dont le vêtement léger l'effleurait à peine; cette foule, agenouillée sous le dôme qu'on eût dit un gouffre suspendu sur elle, était d'une surnaturelle beauté!

Bientôt nous fûmes à St-Marcel. Le peuple s'entassait dans l'église de forme allongée; les anchois au fond d'un baril ne sont pas si étroitement serrés, et, parvenus au quart de son étendue, nous ne pûmes bouger davantage.

Eclairés par des transparens de papier rouge couvert de taches foncées, l'autel principal, les chapelles latérales, l'intérieur du temple, semblaient parsemés de langues de feu et de gouttes de sang! Deux statues colossales s'élevaient bizarrement colorées par ces lueurs; des chants tumultueux, angoissés, résonnaient par intervalles; rien de touchant comme l'effet de ces voix basses, de ces fugues travaillées avec art, exécutées avec passion; rien d'attendrissant comme la vue de ces têtes qui pàlissaient aux douleurs du Christ ou s'inclinaient attentives aux récits du prédicateur dont la voix remplaçait celle des chantres. Courant d'une extrémité de sa chaire à l'autre, le prêtre chargé de peindre le désespoir de Marie improvisa un discours fort étrange. La piété, l'amour divin y etaient personnifiés; je me souviens que les yeux de la première — *turchini... grandi... celesti**, jetaient des regards — *amabil tanto, che pareon raggi d'amorose stelle***!... — La vierge palpitante appuyait sa tête, tantôt sur les pieds du Sauveur, — *e i chiodi cacciava più avanti, e se ne scorgea e gridea****, — tantôt sur son sein, — *e l'oppressea, e lo vedea, e si torcea le mani, e cadea sovr'il terreno, lo mordea, quasi frene-*

---

* Bleus... grands... célestes.

** Si aimables, qu'ils semblaient être les rayons des étoiles amoureuses.

*** Et enfonçait les clous, et s'en apercevait, et criait!

tica *! — l'amour divin la soutenant dans ses bras, — *provavadi fargli minor le pene***. — Chacun agissait, raisonnait à l'aise; le prédicateur suait, l'auditoire en était aux sanglots, et je m'esquivai promptement alors que, redoublant d'éloquence, le moine se disposa à décrire les sensations du Christ.

Rome, 31 *mars* 1834.

Dupe et curieuse, ainsi que la plupart des voyageurs qui fourmillent dans Rome, je courus hier matin à St-Jean de Latran, par un vent glacé..., qui pis est à jeûn. C'était dans le baptistère qu'on devait recevoir les convertis au christianisme. L'imagination pleine de turcs, de juifs enlevés à leurs fausses croyances; priant de bon cœur pour les ames ramenées aux pieds de Jésus, par le ministère de quelque prêtre zélé, j'avais fait le sacrifice du coin de mon feu, plus, celui de mon déjeûner; lorsque déposée avec M. D... et ma pauvre tante au sein de la multitude qui s'accumulait vers

---

* Et l'oppressait, et le voyait, et se tordait les mains, et se jetait sur le terrain et le mordait, presque frénétique!

** Essayait de lui rendre ses peines moins cruelles.

les portes fermées du temple, je commençai à douter de mes forces, à regretter la liberté du *chez moi*, puis les jouissances que produit la théyère et ses vapeurs, dont le parfum inspire un certain contentement intime que ne saurait exciter aucun autre moyen de bonheur.

— « *J'étouffe!...* — criait celui-ci — *Je meurs!...* balbutiait celle-là. — *De grace.... par pitié.... un peu de place!......* »

On se serrait davantage; les gémissemens redoublaient; et quand l'impatience générale, calmée pendant une seconde, permettait un mouvement aux misérables du centre, on voyait ressortir quelque femme à demi-morte dont le chapeau écrasé, dont la robe déchirée et les prunelles humides témoignaient assez la souffrance.

— « Quelle folie!... » — disait ma tante.

— « Quelle absurdité!... quelle niaiserie!... » ajoutait M. D...

Hélas! toutes les exclamations du monde, n'auraient pas écarté d'un pouce la foule qui grossissait autour de nous; il nous fallut supporter encore les tortures qu'amène avec elle chaque cérémonie de la semaine-sainte.

Trois heures s'écoulèrent; le baptistère était encombré de spectateurs, lorsqu'il nous devint possible d'en approcher ; j'entendis quelques paroles prononcées à demi voix, j'aperçus quelques têtes tonsurées ; les masses s'entrouvrirent, afin de livrer passage au cortége, et, m'armant de courage, je me plaçai au premier rang, sans trop de contusions. — Qu'il me tardait de contempler ces physionomies étrangères, embellies par la foi ! Combien la procession de moines qui les précédait me parut lente à passer !

« — Eccolo !... eccolo ! » — s'écria-t-on !

« — Eccolo !... » — Les convertis se réduisent à *un converti*, pensai-je en soupirant ; on se baissa, on vit ; et je ne pus retenir un sourire ; car, le converti était âgé..... de trois ans !..

La bénédiction, donnée par le pape, du balcon de Saint-Pierre, ne m'a pas procuré d'impressions plus favorables. Au premier abord, l'aspect de cette multitude perdue dans la place, sur les escaliers, au pied du temple, m'a frappée. La réunion de trente mille hommes, rassemblés pour rendre gloire à l'Éternel, a quelque chose de grand qui émeut, sans qu'on puisse s'en défendre. Mais..... une attente de quatre heures ; mais l'inquiétude qu'on ressent au milieu de neuf cents voitures dont les chevaux s'emportent; mais les scènes plaisantes qui captivent tour à tour l'attention; mais la diversité des costumes, la gaîté du peuple; mais l'ennui plus tard qui vous gagne, à la sourdine, contribuent à éteindre cet enthousiasme.

Je n'ai trouvé nulle part la majesté qu'on attribue à cette cérémonie. Elle n'était pas dans la foule babillarde, qui s'agitait troublée par l'impatience; elle n'était pas dans la masse des équipages à riches livrées, qui fendaient la presse ou s'alignaient vers les colonnades. Elle était encore moins dans l'estrade des étrangers, transformée pour cette heure en champ de bataille. S'était-elle réfugiée entre les deux gigantesques éventails de plumes qui, en s'avançant vers le balcon, ont laissé voir une tête, des bras enchassés dans les pierreries, la ressemblance d'une pagode indienne?..... Était-elle dans le geste de ces deux bras, lorsque s'ouvrant par trois fois, ils ont jeté quelques menus chiffons de papier que le peuple saisissait au vol, ou s'arrachait avec des imprécations?... En vérité, je ne sais; la chercher là était loin de ma pensée; je ne l'ai pas fait, et la vue des hommes, têtes découvertes; celle des femmes légèrement inclinées, n'a pu remplacer les charmes d'une illusion détruite.

C'est presque avec de l'humeur que, hier au soir, je m'acheminai vers la place de Saint-Pierre ; l'illumination du temple, le changement si réputé des feux n'excitaient pas en moi de curiosité. La semaine-sainte, en flétrissant une à une les images que s'en était créée mon imagination, m'a rendue défiante et peu soucieuse des pompes qu'elle doit déployer encore.

La nuit cependant était parfaitement belle; les voitures circulaient déjà, puis ne circulèrent plus : car la file commençait devant le palais Borghèse; et les minutes, et les heures, s'enfuyaient, sans qu'une distance apparente fut franchie par elles. Demeurer, par cela même, ne rien voir, eût été faire une sottise; nous descendimes.

Le reflet des lampions, qui brûlaient dans les boutiques environnantes, éclairait les rues; les étalages de porc frais se faisaient remarquer par une grande élégance de décoration: chaque pièce de viande salée se balançait ornée de bougies au plafond noirci; la lumière brillait, nichée dans les moindres recoins. Ici, une suite de petits moutons en sucre, symboles de l'agneau pascal, s'élevait jusqu'à l'autel en miniature, où la vierge, ensevelie sous la soie, la gaze et les paillettes, recevait la prière des chalands. Là, des œufs réunis en faisceaux, parsemés sur la mousse, emprisonnés dans le carton doré ou suivant les contours gracieux d'un lustre garni de fleurs, servaient de transparens aux bougies qui luisaient derriere leur mince enveloppe. Les légumes, les fruits, se coloraient à la flamme des torches. Des tables couvertes de nappes éblouissantes, chargées de coupes, de larges plats, de vases profonds, et disposées sous des tentes en feuillage répandaient un fumet appétissant pendant que le bonnet de coton en tête, le tablier blanc attaché sur l'estomac, les bras nus et l'air jovial, six à sept cuisiniers hachaient, pétrissaient, coupaient, attisaient, faisaient bouillir, faisaient rôtir, faisaient frire, et servaient chaud; s'empressant vers chacun, avec une louable égalité.

La taille serrée dans un corset de drap rouge, brodé d'or; la tête entourée du mezzaro, ou de la pièce carrée dont les franges se découpaient sur la teinte éclatante du corsage, la paysanne des environs s'élançait curieuse, tandis que son compagnon, revêtu de la veste, de la culotte courte en velours brun, lui frayait un chemin, sa main placée dans la sienne. Une lueur vague, qui s'étendait derrière quelques bâtimens voisins, activait la multitude; les uns, se haussaient sur la pointe des pieds; d'autres, s'efforçaient à gagner du terrain; puis le peuple entier s'arrêta, comme touché par quelque baguette enchantée; les traits, colorés par le reflet d'une grande lumière, s'animèrent spontanément... on s'écria... on applaudit, ce fut une ivresse générale; et j'applaudis, et je m'écriai avec les autres; car de telles magnificences m'étaient inconnues!

St-Pierre, ses colonades, son portique, sa façade, ses coupoles, sa boule, sa croix resplendissaient! Chaque soubassement, chaque detail d'architecture était marqué par une ligne étincelante! Depuis la base de l'édifice, jusqu'au pavillon que terminent le globe et la croix, tout scintillait, aussi délicat qu'une broderie; c'était un travail à jour, dont un tissu de diamans semblait former la trame; c'était un palais enchanté, tel que nous les décrivaient nos grands-mères aux premières années de notre vie; c'était une féérie; c'était plus que cela; le souvenir m'en émeut encore.

La foule des voitures que nous avions quittée devant le palais Borghèse roulait avec un vacarme épouvantable, s'ouvrant de force un passage dans la mêlée, pendant que le grincement des roues, que le claquement des fouets, que le rugissement sourd, formé par ces trente mille voix, donnaient l'idée d'une scène infernale.

Sous les arcades, loin du tumulte, se dessinaient à demi-éclairés par les torches attachées à la voûte, quelques groupes, dont la grace et la simplicité reposaient la vue au sortir de ces tableaux sataniques. Assise sur les marches de l'escalier qui aboutit au péristyle, une villageoise, les cheveux cachés sous la résille de nuance vive que portent la plupart des Romaines, penchait sa tête vers l'enfant au maillot qu'elle allaitait. Courbé sur son bâton, quelque vieux pèlerin montrait d'un doigt tremblant St-Pierre à son fils, dont les lèvres ombragées d'une moustache naissante, s'entr'ouvraient silencieuses! De jeunes gens, la témérité peinte dans les yeux, dressaient des échelles contre l'édifice, et gravissant avec rapidité, attisaient le feu des torches.

Rassemblés dans la galerie, légers, distraits,

oublieux du moment présent, tout entiers à la chose qui n'est pas, à celle qui n'est plus: des enfans, le dos tourné à l'illumination, s'élançaient à la poursuite de quelque papillon de nuit, ou, s'essayant à grimper le long des colonnes, dont la surface unie rendait leurs tentatives inutiles, retombaient avec les gémissemens, avec les pleurs de l'impuissance. Je m'oubliais à les considérer, lorsqu'un *Guardate*, répété mille fois avec des cris d'allégresse me ravit à cette contemplation oiseuse. — Je tressaillis, mes regards se dirigèrent vers le temple... des flammes surgissaient par milliers, sur l'édifice; aux guirlandes menues, s'étaient jointes de plus vives lueurs, Saint-Pierre était dans sa gloire!... et déjà la foule se retirait, déjà les voitures couraient en sens contraire, déjà le dégoût, l'ennui, la lassitude déblayaient la première place du monde! Ah! ce fut alors que nous jouîmes! ce fût alors que, cheminant dans l'espace désert, les yeux sur le temple lumineux, la pensée a je ne sais quelle fantasque rêverie, et ne songeant pas au temps qui s'envolait derrière moi, je m'abandonnai à la magie de cette heure!

L'obélisque, noir au sein de la lumière, s'élevait immense, renitant vers le ciel, s'élevait sans qu'un seul des rayons qui s'échappaient de la façade, des coupoles ou des colonnes, pût l'atteindre. Les fontaines tremblaient ainsi que des nuées diaphanes devant les torches dont elles altéraient l'éclat ; les étoiles paraissaient être de bleuâtres étincelles dispersées dans les ténèbres célestes, effrayantes comme celles d'un abîme sans fond. Une musique militaire résonnait au loin ; l'illumination ne scintillait plus que pour nous, et la poésie de ce spectacle s'accroissait en raison de la solitude. C'est alors que je me crus sur le point d'entamer quelque aventure, dans les murs d'un palais merveilleux. Il me semblait parcourir des salles tapissées de feuilles d'or, resplendissantes de pierres précieuses, somptueusement meublées ; je m'asseyais à une table servie par des mains invisibles ; je me reposais sur des divans aériens ; en un mot, je me rappelais les contes dont on avait bercé mon enfance ; puis, je me réveillais, et la réalité, plus belle encore, les effaçait par ses richesses.

Cependant, il fallut abandonner le temple, et mes rêveries ; à chaque détour de la rue, mes regards se portaient en arrière : « Encore une fois, encore une dernière fois!... » me disais-je; j'avais un singulier plaisir à reposer mon œil sur ce qui allait disparaître bientôt!.. En effet, je ne vis plus rien; et St-Pierre radieux, cet aspect tout surterrestre, était dans le passé.

Rome, 3 avril 1834.

Le feu d'artifice, tiré hier soir, sur le fort St-Ange, ne m'a pas entièrement satisfaite. Nous sommes accoutumés en France à voir aussi bien, peut-être mieux que cela. Si quelques idées étaient ingénieuses; d'autres n'offraient qu'une contrefaçon mal déguisée de celles que j'avais si souvent admirées à Paris. Un bouquet, composé de quatre à cinq mille fusées; St-Ange lumineux, surmonté de la thiare et des clés (qui, par parenthèse, se refusèrent à prendre feu au grand scandale du peuple romain) commencèrent le spectacle, et détruisirent par leur éclat l'effet des tableaux suivans. Des ballons enflammés, lancés dans les airs, une cascade de feu, des guirlandes diversement colorées ; des étoiles, des roues, se succédèrent, entremêlés d'une opiniâtre décharge d'artillerie. Le canon tonnait sans relâche; chacune des meurtrières du fort, semblait avoir à renverser une armée entière, tant la lumière, tant les coups, laissaient peu d'intervalles entr'eux; on eût dit qu'après s'être fait séduisant, le fort St-Ange voulait, en déployant ses forces, se montrer redoutable; ces démonstrations, tour-à-tour pacifiques, puis hostiles, n'échappaient à personne, et ne plaisaient qu'à demi.

CHAPITRE XXXII.

RUINES. — VILLA. — GRAND MONDE. — PRINTEMPS. — VATICAN.

Rome, 5 avril 1834.

Malgré le vent impétueux, qui soufflait aujourd'hui dans la campagne de Rome, la matinée que j'y ai passé a fui bien courte. A dire vrai, ce n'est pas aux monumens que Nibbi, ou quelque ouvrage de mérite, ont rendus célèbres, que je dois mes jouissances. Le tombeau de *Scipion*, celui de *Cecilia Metella*, ne m'ont inspiré aucun enthousiasme. Je n'ai su voir dans l'un qu'un antre obscur; dans l'autre, qu'une lourde bâtisse dont l'analogie avec un pâté froid est venue méchamment étouffer à leur naissance les velléités antiquaires que je m'efforçais d'éprouver. Le temple du *Dieu Ridicule*, quelques restes d'écuries ou d'aqueducs, ne sont pas gravés d'une manière plus intéressante dans ma mémoire; mais la fontaine, mais le bois de la nymphe Egérie et le temple de Bacchus, m'ont captivée.

On croit entendre encore le frôlement du voile de la nymphe entre ces oliviers, dont les cimes se joignent l'une à l'autre pour faire un dôme de verdure. Placé dans une plaine jonchée d'édifices dégradés et dénuée d'ombrages, ce bouquet d'arbres sous les branches duquel se réfugient les troupeaux de brebis et de chèvres qui paissent aux alentours, égaie l'œil attristé comme un éclair de bonheur, le cœur las de souffrir.

Privée d'accidens pittoresques et d'animation, l'étendue, au sein de laquelle Rome s'élève, fait naître par dégré, la mélancolie. Ce qui d'abord paraissait majestueux semble monotone après quelques semaines de séjour;

l'œil qui erre sur la campagne ne rencontre que solitudes immenses ; ce sont toujours des prairies coupées d'aqueducs, couvertes de monumens détruits, soulevées en mamelons, revêtues d'une herbe fine. Ce sont toujours les mêmes bergers dans les mêmes peaux de moutons: les mêmes bœufs gris aux mêmes cornes polies ; et la moindre masure, le moindre chêne égarés dans cette pleine mer de verdure, émeuvent presque davantage que ne le ferait en Suisse l'aspect d'une cascade bouillonnant parmi les sapins; celui d'une chaine de glaciers qui se teint de pourpre au soleil couchant, ou celui d'un chalet sur la montagne, se dorant aux premières lueurs du jour, tandis que près de lui résonne le chant des vachers, le son du cor des Alpes!

Un sentier m'a conduite à la fontaine d'Egérie; l'eau limpide, filtrant sur de la mousse, courait au-dehors avec un bruissement harmonieux ; l'intérieur de la voûte était tapissé de pampres ; les rameaux du rosier sauvage, les branches épineuses de la ronce s'attachaient aux murs ; le vent glissait sur la campagne avec des gémissemens plaintifs, l'œil ne rencontrait pas un être humain, tout autour ce n'étaient que décombres. L'on eût dit que la grotte avec ses eaux frémissantes, avec ses guirlandes, ses portes qui s'entr'ouvrent, vertes, attendait encore la nymphe, qu'elle avait perdue pour toujours.

Une chose m'a plu dans le temple de Bacchus, et ce ne sont ni ses fresques ternies, ni ses bas-reliefs dont le temps a effacé les parties saillantes, mais bien un moine aux cheveux grisonnans, au ventre arrondi, à la face joviale; un véritable ermite de St-Dunstan, que je trouvai là en chair et en os comme si quelque génie l'eût transporté des forêts du *Yorkshire* aux déserts de Rome. Avec un sourire de componction, il nous guida sur le belvédère, puis dans son appartement, dont ma tante avait par mégarde entr'ouvert la porte.

— « Quest' è la mia umilissima camera, » [*] dit-il avec un pieux soupir !

Parcourant en un clin d'œil la cellule, j'aperçus un lit de plume, protégé par un rideau soyeux, une tablette garnie d'ustensiles; un vaste fauteuil, une table et quelques livres.

— « Mais... vous n'êtes pas très mal, mon père... »

[*] Cela est ma modeste chambre.

« *Ah! Signora mia!* » — interrompit-il les yeux au ciel — « *Solo!... sempre solo!... poi vivere in un'astinenza cosi stretta!... oimè!...* »
— Je lui montrai du doigt une large *dame-jane* accompagnée d'un jambon, que n'avaient pu me dérober des chiffons entassés. Le brave homme demeura bouche béante.

« Che vuole!... » — répliqua-t-il, avec une joyeuse expression — ** « *m'è forza, di ristaurar l'anima doloroza; e il corpo indebolito dalle tante sferzate vuol anch'egli qualque sollievo!...* » — Un éclat de rire termina son discours, et ce ne fut pas, sans répéter vingt fois pour le moins, *ha occhi indiavoliti!* qu'il m'accompagna jusqu'à la porte du temple, où, lui, les joues plus colorées, et moi une inaltérable gravité sur les traits, nous nous séparâmes en bonne intelligence.

Rome, 5 avril 1834.

La villa Milds me paraît charmante; les eaux

** Ah! madame! seul... toujours seul... et puis vivre dans une abstinence si sévère... hélas!

*** Je suis forcé de restaurer mon ame endolorie; et mon corps affaibli par de nombreux coups de discipline veut aussi quelque soulagement.

n'y sont pas tourmentées en cent manières rivales de gaucherie; la pelouse s'y étend, sans qu'une main maladroite la découpe ou l'enferme entre deux murs de buis; les chênes y projettent une ombre irrégulière, les buissons laissent traîner sur la pelouse leurs rameaux garnis de fleurs, et si l'art s'introduit parfois dans l'arrangement de ces jardins, un goût sûr préside à ses travaux. Située sur la hauteur, l'habitation de M. Milds jouit d'une vue idéale! Une portion de Rome au pied de la colline; plus loin, les plaines, la mer qu'on soupçonne; les monts de Tivoli, d'Albano lui forment un vaste panorama. Des corbeilles, de longs berceaux de roses cachent à demi la colonne brisée, la statue, le vase antique, ornemens du palais des César; l'anémone, les jonquilles, le géranium aux feuilles parfumées croissent sous l'arche colossale qui semble ne devoir jamais parsemer la terre de ses débris. le thym émaille les décombres de sa petite fleur violette, et l'on s'oublie à jouir parmi ces images de vie et de mort réunies!

La villa Borghèse, me sourit moins. Envisagée, comme promenade publique, elle en surpasse un grand nombre par son élégance;

nulle part on ne verra d'aussi vastes prairies, des chênes aussi vigoureux, des eaux, des mouvemens de terrain aussi savamment ménagés ! Envisagée comme possession particulière, comme possession d'un homme simple, d'un homme désireux avant tout de bonheur, elle est inférieure aux plus modestes maisonnettes, et, avec Bassompierre, je répéterais :

>Si le roi m'avait donné
>Paris sa grand'ville,
>Et qu'il me fallût quitter
>L'amour de ma mie,
>Je dirais au roi Henry
>Reprenez votre Paris,
>J'aime mieux ma mie,
>Oh gay !
>J'aime mieux ma mie !

Comment, le matin, se promener rêveur ou ne songeant à rien, dans ces larges routes, que sillonne encore la trace des roues?... Comment, enveloppé d'une vieille robe-de-chambre, les pieds chaussés de pantoufles sans prétention, sans toilette, s'égarer dans les sentiers que remplissait la veille une société brillante? Comment s'enivrer des senteurs du printemps? Comment considérer les trésors de la nature, les pousses délicatement plissées de l'ormeau ; la goutte d'eau qui se balance à l'extrémité d'une feuille ; dans ce bois, que peu d'heures auparavant, les ladys en voiture, ou à cheval, faisaient retentir de leurs petits cris d'effroi, de leurs *beautiful*, de leur *look, look, look?*...... Comment méditer, comment être seul, là ou à chaque instant quelque autre vient chercher vos méditations, votre solitude?...

Nonobstant ses fabriques, son palais, ses ombrages, la possession du *premier prince de la Romanie* (ainsi que le nommait le cicérone) ne saurait me présenter qu'images de gênes, qu'images de vexations, menues, il est vrai; mais insupportables, parce qu'elles sont de tous les jours, et le mot *champêtre*, celui de *félicité*, sont à mon avis, incompatibles avec ceux de *villa Borghèse*.

Rome, 8 avril 1834.

Une pluie abondante venait de finir; le soleil scintillait au travers des gouttes qui tombaient de loin en loin; l'air était chaud; de la terre humide montaient ces exhalaisons odorantes qui suivent les bourrasques de printemps; quelques nuages blancs flottaient sur l'espace azuré dont les chassait une brise du nord; et nous saisîmes ce moment pour nous diriger, hier, vers la villa *Pamphili Doria*. Des haies de chênes verts, taillés à la *le Nostre*; un parterre, sablé de gravier jaune, des pots à fleurs formant jets-d'eau, cent autres gentillesses classiques me mirent hors de moi ! Je regrettais cette journée perdue, je regrettais le Colysée, je regrettais St-Pierre, tout ce que j'aurais pu visiter encore, et ce que je ne voyais point; puis je marchais entre deux murs de feuillage, et mes yeux se baissaient obstinément lorsque je rencontrai une verte pelouse plantée de pins en parasols. Le bois, car c'en était un, descendait jusqu'à la plaine bornée par une clairvoie grossière; l'herbe fine qu'avait humectée la pluie était brillante d'anémones, de paquerettes, de renoncules; le vent, en passant sur la cime des pins, remplissait l'air d'une rumeur vague, semblable aux sourds mugissemens d'un fleuve éloigné.—Rien, dans cet endroit sauvage, qui trahît la proximité des hommes; pas un vestige de ce mauvais goût, dont les résultats, séparés de lui par une feuillée, prêtaient un nouvel éclat à ses charmes.

Je humais l'air; je prenais ici un sentier, je

le quittais là; je m'arrêtais auprès du lac dont les eaux vertes dorment environnées d'arbrisseaux, pour remonter à pas lents sur la hauteur et me reposer vers une ferme isolée dans la clairière. Autour d'elle, caquetaient, les poules, les canards, les pintades; pendant que le paon, plumes étalées, s'avançait avec un sérieux comique, au milieu de la troupe babillarde. La source qui murmurait sous les roches voisines, jusqu'aux pyramides vertes dont j'apercevais les sommités, tout me souriait; le parterre lui-même eût obtenu grace, et le misérable joueur de flute, statue dont une mécanique mise en mouvement par le cours des eaux fait sortir des sons anti-harmonieux par excellence, le joueur de flûte ne put altérer mes sensations.

Rome, 9 avril 1834.

La mondanité ne doit pas s'allier avec les ruines. Aller aux raouts, ne pas manquer un bal; livrer dès midi sa tête au coiffeur en vogue; danser ou ne pas danser, mais en tout cas se coucher tard et se lever plus tard encore; le lendemain, lorsque les paupières sont rougies, lorsque le corps est fatigué, l'ame pleine des ennuis ou des plaisirs de la veille, chasser et souvenirs et regrets de son cœur; se mettre en voiture, s'avancer dans la campagne, presqu'au sortir du salon brillant de girandoles, chatoyant de femmes gracieuses ou parées; se trouver face à face avec les restes de la vieille ville, avec ses réflexions, avec *soi-même ;* c'est là une chose pénible, presque ridicule, je saurai l'éviter!

Torlonia, la princesse Borghèse, l'ambassadeur d'Autriche, s'efforcent à retenir les voyageurs par la splendeur de leurs réunions; peu résistent, et dans le Forum, à Saint-Pierre, au Colysée; on n'entend que récits de fêtes, que discussions sur la toilette, que ces mots : *plumes*, *fleurs*, *berret*, *enchanteur*, *Torlonia*, etc., etc......

Torlonia et Colysée, bizarre assemblage!...

Certes, il y a du mérite à demeurer seul calme, seul *chez soi*, au milieu du vertige mondain qui s'est emparé de la population étrangère. Certes, il faut de l'énergie pour répondre, sans s'émouvoir, aux questions dont on vous accable.

— « Etiez-vous hier chez le prince Borghèse? » demande celle-ci. — « Non. »

« Délicieux ma chère, délicieux! le roi, la

reine de Naples parcouraient les appartemens, on y voyait la société la plus choisie... mais... les cartes étaient rares...; grace à mes relations intimes avec la duchesse ***, j'ai reçu la première... » — Puis avec un sourire de fatuité féminine (la pire de toutes) et avant que vous ayez pu glisser un mot — « Au revoir; à la prochaine occasion écrivez-moi, je vous introduirai. »

— « Je fus vous chercher hier matin » dit cette autre — « Quand donc, pourrai-je vous rencontrer ?... »

— « Ce soir !... »

— « Ce soir ?..... Comment, vous n'allez point chez Torlonia?.... c'est inconcevable?...»
— *Elle ne va pas chez Torlonia !* redisent quelques personnes.... *pas chez Torlonia !...* répètent les suivantes; *chez Torlonia.... Torlonia..... concevable !.....* et cette phrase, rompue, comme par un écho malin, grossissant ainsi que la calomnie de *don Basilio* vole de bouche en bouche, et fait naître après elle, une longue suite de réflexions oiseuses.

Que sont ces interrogations, que sont les sentimens de dépit qu'elles inspirent, au prix des questions dont vous serez assailli au retour ?

— « Qu'est-ce que Torlonia ?... »

— « Je ne sais ! »

— « Vous ne savez ? »

— « Hélas non ! »

— « Vous ne l'avez donc point vu dans le monde ? »

— « Jamais. »

— « Vous n'êtes donc point allé chez lui, il ne vous a point invité dans sa loge ?... »

— « Si... mais... »

— « Il reçoit cependant, ses fêtes sont magnifiques, le monde fashionable de Rome s'y jette.... »

— « Mais... »

— « C'est une célébrité que vous avez manquée là... Oserez-vous bien paraître ici sans le connaître ?... » — Et de Saint-Pierre, et des arcs de triomphe, et des temples, pas un mot !

— « Madame de N*** » — dira quelqu'autre. — « Madame de N*** arrive de Rome ; elle assure ne vous avoir aperçue nulle part ! où étiez-vous donc ? »..... etc...... etc....

Hélas ! ce sont grandes misères que ces choses, s'en affecter est plus misérable encore, cependant le cœur humain.... ou féminin, est rempli de ses faiblesses. L'amour-propre, minutieux de sa nature, souffre singulièrement de ce qui offre, ne fût-ce que les dehors de l'oubli ; avoir l'air délaissé blesse profondément une femme ; refuser des invitations à la mode, lors même qu'elles seraient fastidieuses à en mourir est vraiment un acte de courage ; l'accomplir, c'est briser une masse d'entraves, que secrètes on respecte, et dont on rougirait, si l'œil de quelque homme supérieur pénétrait jusqu'à elles.

Rome, 10 avril 1834.

Le printemps, retardé par un froid intense, nous revient enfin. Rome se dépeuple, les grelots des chevaux de poste résonnent de jour comme de nuit sur la place d'Espagne ; on charge des voitures, on emballe, on part, et à l'exception du Corso, à l'exception de quelque villa, de quelques ruines auxquelles on va jeter un dernier regard, la cité n'est plus qu'une vaste solitude.

Il y a quelque chose de grand dans ce silence de Rome ; la gaîté de Naples choquerait près de ces vestiges ; on tient à se conserver pensif, au sein de cette nature, qui empreint l'ame de mélancolie. Rome sérieuse, Rome triste, s'accorde avec les pensées !

Peu de choses sont aussi dissemblables que le printemps à Rome et le printemps à Paris! Si l'un embellit des richesses de sa végétation les campagnes imposantes déjà par elles-mêmes; si l'on aime à errer sous les ombrages qu'il épaissit, sur les prairies qu'il revêt d'une nuance vive et veloutée; si l'on aime à pénétrer dans les grottes qu'il entoure de pampres, sous les branches qu'il gonfle d'une sève féconde;... l'autre, avec ses folles créations, avec ses joies semi-champêtres, avec son bois de Boulogne, avec ses Tuileries, avec ses fleurs aussi et ses parfums, se présente quelquefois à la mémoire, brillant d'élégance, et réveille presqu'un regret.......

Hélas! oui.... près de quelque *colombarium*, au pied d'un arc de triomphe; tandis que les noms de Marc-Aurèle, de Septime-Sévère, de Néron, bruissent près de moi, et que l'histoire me somme d'écouter; l'image de Longchamps; le désir fantasque de savoir quel genre d'étoffe, quelle forme de coiffure, quelles robes, quels riens, la mode aura déclarés seuls admissibles, me lutinent à l'envi.

Je revois les *barrières* et le peuple qui afflue le dimanche à ses portes; je revois Montmorency, les courses à ânes; les bals, puis les dîners sur l'herbe, si riches en caricatures ; je revois Versailles, ses eaux qui jouent; j'assiste aux scènes comiques ou sentimentales, mais toujours plaisantes qui se développent là ; je retrouve les boulevards avec leurs bouquetières, leurs arbustes odorans, leurs librairies, leurs cafés ; je les retrouve avec leur poussière, avec la multitude qui passe, désireuse de liberté, avide d'air pur....Un chien qui jappe m'arrache à ces fantaisies; mes regards tombent sur un obélisque; (et c'est ici qu'il faudrait rougir) mes souvenirs en deviennent plus séduisans.

Rome, 11 *avril* 1834.

On ne saurait trop retourner au Vatican, disent l'itinéraire et les connaisseurs; cependant, je ne voudrais pas consacrer de plus longues heures à son examen tant les yeux et l'ame s'y blasent. — Le Laocoon, la Descente de Croix de Michel-Ange, Carravache exceptés, aucun des morceaux de prix rassemblés là, ne m'a fait éprouver de satisfaction véritable. Comment être frappé par la perfection elle-même, parmi dix à vingt mille objets qui en approchent ou l'atteignent ?.... On est amené devant elle par des gradations insensibles, les nuances sont infinies, le mieux à peine visible ; l'admiration s'accroît *pian pianissimo*, avec les progrès et, de même qu'eux, elle arrive à son comble, sans transition forte.

Je suis restée froide auprès de l'Apollon du Belvédère ! sans doute ses traits sont d'une étonnante régularité, sa pose est noble, ses draperies sont remarquables ; mais la figure n'a d'autres défauts que celui de n'en point avoir ; (serait-ce l'effet d'un caprice ?) celui-là seul les surpasse tous à mon avis.

Est-il rien de fastidieux, d'ailleurs, comme la perfection immuable ?.... Un visage invariable dans sa beauté, un caractère invariable dans sa douceur, un paysage invariable dans sa majesté, fatiguent à la longue. Les passions n'excitent l'enthousiasme que véhémentes, et ne doivent cette véhémence qu'à leur courte durée. Les plus admirables mouvemens de l'ame ne surprendraient point, et lasseraient peut-être, s'ils ne laissaient aucun intervalle entre eux. Tout finit, tout meurt à nos côtés ; peu de choses parviennent à cette perfection que nous-mêmes nous ne pouvons obtenir ; s'il faut l'avouer, nous ne la comprenons guère, et sa vue ne saurait faire naître le trouble que produisent des œuvres dont l'infériorité établit entre elles et nous, une chaîne de rapports immédiats. C'est ainsi que le groupe du *Laocoon*, aussi vrai, moins parfait, m'a vivement émue. Certes, ce front creusé, ces muscles tendus, ces membres crispés par la douleur ne sont point beaux ; si l'on veut, ils sont horribles ; mais je comprends ces tortures, mon front peut se creuser comme le sien, ma bouche peut se contracter comme la sienne. Apollon était Dieu, Laocoon est homme, et c'est justement pour cela qu'il me touche.

Par la même raison encore, *la déposition* de Michel-Ange m'a paru supérieure à celles que j'avais vues précédemment. La peau rosée, les mains blanches, les graces étudiées qu'on prête à la Vierge, éloignent du naturel. Pourquoi faire de la femme du charpentier une belle dame de cour dont les membres délicats semblent ne s'être étendus que sur l'édredon, et le front pâle ne jamais avoir rencontré les rayons du soleil ?.... Pourquoi sur ses lèvres, le sourire languissant des palais ou des cloîtres, et non pas celui qu'on voit aux champs, celui qu'on voit dans les villages ?.... Pourquoi cette demi-transparence aristocratique, et non pas cette teinte chaude, que le contact avec l'air du dehors répand sur les traits?.. Pourquoi, lorsqu'on la peint, travaillée d'une indéfinissable angoisse, pourquoi lui donner une physionomie placide, qui forme, avec ces mêmes angoisses, un contraste incompréhensible?..

Croit-on une femme gracieuse, la croit-on jolie (car c'est le mot) lorsque des sanglots soulevent sa poitrine, ébranlent ses nerfs?... Croit-on que, le cœur brisé, elle maintienne la paix sur son visage, l'harmonie dans ses vêtemens, l'élégance dans sa coiffure?

Répondre à une telle question serait superflu. Ceux qui ont souffert sentent bien vite quelle vérité sublime repose, parle, devrais-je dire, dans chacune des têtes du Carravache. Les années ne révéleront que trop promptement aux autres, le prix de l'œuvre, qu'étrangers au malheur, ils ont effleurée de l'œil sans la comprendre.

Après avoir examiné le manuscrit de la *Gierusalemme*, noté par le Tasse, je me suis dirigée vers le tombeau qui contient ses ossemens. — Placé dans une vieille église, caché par un confessionnal, le mausolée du poète excite la mélancolie, ainsi que le fait l'histoire de sa vie! Tout est sombre, tout est glacé, près de lui ; le chant monotone des moines retentit seul derrière le grillage de la tribune ; le vent qui siffle sur la hauteur ébranle les vitraux, mêlant ses notes tour à tour aiguës ou basses aux voix des reclus. Dans le confessionnal, quelque rouge figure de prêtre s'avance vers les barreaux où s'appuient des lèvres candides ; un cierge brûle sur le grand autel ; les chapelles sont ténébreuses ; à l'aspect de ces lieux, on se rappelle les jours du Tasse si riches en douleurs, si pauvres en joie ; on se rappelle cet amour qui flétrit son existence, on se rappelle ces longues années, qui s'écoulaient une à une, sous les voûtes d'un cachot ; les yeux se reportent sur sa tombe que pas même un rayon de soleil n'éclaire à cette heure ; on prête l'oreille aux mugissemens de la bise et l'on se sent froissé...

CHAPITRE XXXIII.

LE DOME DE SAINT-PIERRE. — TIVOLI. — FRASCATI.

Rome, 12 *avril* 1834.

C'est un voyage, que la descente aux souterrains de Saint-Pierre, que l'ascension à sa coupole! On consulte ses forces, on se décide, puis l'on part sans avoir d'idées bien nettes, et cela vaut mieux, peut-être; car l'esprit libre de jugemens tous faits, et ne s'étant point emparé des impressions d'autrui en devient plus actif.

Un corridor s'élève du terrain à la *Volta granda*; son uniformité n'est rompue que par des portes numérotées ouvrant, ou plutôt se fermant, sur quelque couloir secret. Quelques inscriptions apprennent aux curieux qu'en tel jour de telle année, Marie-Christine, Ferdinand, ou telle autre tête couronnée, visita la coupole, fut se nicher dans la boule.

La volta granda, ses dômes, ses statues démesurées, ses constructions qui renferment les matériaux nécessaires aux ouvriers, qui les protégent alternativement contre la pluie et contre le soleil, présentent un aspect étonnant! C'est vue de là, que la place de Saint-Pierre paraît immense; c'est alors qu'on est frappé de la majesté de son style, de la noblesse de ses proportions; et c'est là, qu'après lui avoir fait traverser la ville, yeux bandés, il faudrait tout d'abord amener le voyageur.

Trente hommes passent une partie de leur vie sur la volta; ils montent le matin, descendent à midi, restent quelques momens sur la terre ferme, remontent encore et ne quittent définitivement que le soir à deux heures de nuit. Les uns préparent, auprès d'une fontaine, les outils dont ils se servent plus tard, pendant que d'autres, armés de la truelle et du marteau, grimpent le long des échelles, rampent sur la corniche extérieure, visitent ou réparent sans cesse.

Les deux premières galeries intérieures sont d'une grande beauté. On promène ses regards, non sans frémir, sur le baldaquin, qui de là haut semble un jouet, sur les lampes presqu'imperceptibles; c'est à peine si l'on peut discerner un homme dans le temple ; tandis que, vues de près, les mosaïques des piliers, celles de la coupole, s'offrent puissantes de couleur ! — L'imagination se refuse à concevoir la témérité des artistes qui exécutaient celles-ci. On ferme involontairement les yeux à l'image de ces misérables suspendus sur l'abîme, limant la pierre, la plaçant, la déplaçant, la travaillant encore pour atteindre à des nuances minutieusement exactes ; et employant des années entières à terminer un seul de ces médaillons que nous ne considérons pas sans vertige !

L'escalier prend une apparence fantastique depuis la dernière croisée intérieure ; on marche, pour ainsi dire, dans la doublure du dôme; il s'arrondit à la droite; à la gauche, le mur s'incline; on tourne sans cesse, la tête penchée, les idées confondues..... L'air frais qu'envoie la galerie extérieure vient à propos restaurer les forces, et l'on jouit d'une vue superbe! C'est la volta granda, qui paraît une première place; c'est celle de Saint-Pierre, qu'on dirait être sur le même niveau; c'est Rome, c'est le Tibre, avec ses eaux blanches; ce sont les villa et leurs bois de pins en parasol; c'est la campagne verte, solitaire; c'est la mer, qu'on distingue à l'horizon; ce sont les monts de la Sabine, puis les plaines, et toujours les plaines......

S'il n'ajoute rien à la majesté du tableau, le dernier balcon cause une sensation de terreur que, descendu, on serait désolé de ne point avoir éprouvée.

Après maints escaliers, bâtis en spirale, on trouve une corniche polie, large de deux pieds à peine, cernée par une barrière, il est vrai; mais si mince, que je frémissais de l'ébranler en m'appuyant sur elle. Je fis le tour de ce rebord; ce ne fut pas sans crainte ni vertiges que je considérai sous moi cette masse de dômes, de coupoles, de pointes, d'aiguilles; ces statues gigantesques qui me semblaient des statues pygmées, et dans le fond, la cité, bas-relief en miniature.

La boule se présentait encore à moi, je m'élançai sur l'escalier, une échelle de fer se dressait perpendiculaire dans un noir tuyau de fonte. Fermer les yeux, marcher, sans accueillir les mille émotions désagréables, qui vous assiégent, sont les seules choses à faire en telles circonstances. Ce qui récompense de tant de peines, c'est une chaleur suffocante, une odeur nauséabonde, une obscurité que ne sauraient diminuer quelques fentes; et ces mots, qu'on prononce fièrement: « *J'ai été dans le globe* *! » Du reste, de vue, pas la moindre; de danger, pas davantage; et c'est à la lettre, qu'on est quitte pour la peur.

Ma témérité croissait avec mes succès; je me hasardai, à demander d'une voix timorée, si l'on ne s'élevait point jusqu'à la croix? combien me soulagea le cicerone, lorsqu'avec

---

* Sur le dôme hérissé de bobêches, et le soir de l'illumination, se glissent attachés par des cordes de pauvres enfans qui vont mettre le feu aux mêches préparées, et que la modique somme de huit paolis engage ainsi à risquer leur vie. Au coup de cloche, signal du redoublement, des hommes apostés dans toutes les parties de l'édifice portent précipitamment au dehors les flambeaux qu'ils cachaient; ainsi s'opère ce miracle, auquel on regrette de ne plus croire.

un geste d'effroi, il me jura la chose *impossible*.

Couvert de fresques, rempli de chapelles à peu près semblables, le souterrain qu'on visite difficilement me parut d'un intérêt nul. L'ascension m'avait blasée, je ne ressentis, sous ces voûtes humides, que du froid, que de la lassitude; plus, un violent appétit, fruit de ma course matinale.

Tivoli, 13 avril 1834.

C'est après une journée d'enchantemens, que me voici vis-à-vis de la grande cascade de *Tibur*, près de celle que construisit le Bernin; *si construire* se peut dire d'une cascade.

Le ciel était voilé de nuages, quand nous avons traversé la campagne de Rome; et deux heures s'étaient écoulées sans que les alentours ou l'horizon eussent varié d'aspect; lorsque prenant un sentier qui s'égarait dans les ronces, nous nous sommes élancés à la poursuite de la *Solfatare*, ou lac des îles flottantes.

Après quelques momens employés à regarder devant, derrière, de droite ou de gauche, sans voir autre chose que troupeaux, que pays inculte, que mulets et que conducteurs, le lac s'est trouvé devant nous. Sa nuance, d'un bleu opaque, que ne pouvait lui communiquer les cieux couverts de brume, ressortait avec éclat, encadrée par l'étendue sauvage. — Quelques cailloux jetés dans les ondes ont produit en peu d'instans un changement complet. Le lac, jusqu'alors immobile, s'est revêtu de flocons brillans; des îlots, composés de joncs entrelacés voguaient balottés par les vagues, et le frémissement des bouches qui vomissaient des scories; le clapotement des flots, cette agitation, presque cette fureur, formaient avec la mort qui semblait avoir étendu son empire sur ces lieux, un contraste, dont l'originalité m'a paru frappante.

Les rues étroites qu'il faut parcourir dans Tivoli font presque douter de sa poésie. Désapointée, je cherchais les cascades, les bosquets, les grottes du bourg chanté par Horace; quand, au détour du chemin, mes regards ont rencontré le plus frais tableau que l'imagination puisse créer en ses jours de verve! La grande cascade descendait verte au milieu de la vallée pour se précipiter plus tard et bondir autour des rocs qui s'opposaient à son passage ; un pont de bois aboutissait à l'autre bord ; le village, surmonté du haut clocher, s'élevait derrière ; tandis que, séparées par un monticule, les ondes, dirigées dans leurs cours par le *Bernin,* s'engouffraient, avec un grondement sourd, dans les profondeurs de la montagne.

J'ai passé l'après-midi à visiter les environs ; à chaque instant je jouissais d'une vue nouvelle ; c'était la grotte de Neptune, vaste caverne creusée dans la colline ; c'était la cascade, tournoyant dans ces salles immenses et venant à grand bruit rejoindre l'eau qui tombe des sommités prochaines, ainsi qu'une masse de neige, balayée par les vents. C'était sur nos têtes le temple de Vesta, avec sa forme élégante, avec ses colonnes cannelées ; c'était une nuée de pigeons se pressant autour des nids, qu'on leur a pratiqués dans les parois de rochers. C'était le sentier qui cotoie les bords de l'abîme ; c'était le fond de la vallée, c'était au loin une vapeur blanchâtre, seule partie des cascatelles qu'on aperçût de là ; c'était de toutes parts, bois d'oliviers, ruines pittoresques, ou images gracieuses ! — Pour décrire les charmes de cet endroit, il faudrait désigner un à un, jusqu'aux moindres ruisselets qui se séparent de la masse principale des ondes ; il faudrait dire leur marche sous l'herbe qu'ils alimentent ; il faudrait narrer, et leurs sinuosités dans la prairie, et leurs bonds capricieux sur la pente ; il faudrait le pinceau de Claude Lorrain, et non ma plume ; il faudrait un mot, pour chacune des sensations si nuancées qui font tour à tour battre le cœur ; et ici, on ne sait, on ne peut que voir.

Rome, 12 avril 1834.

« Alerte !... alerte !... le soleil déjà s'est levé ; dormir encore, lorsque ses rayons colorent la cascade, ah ! c'est une honte !... Alerte donc... alerte ; que les heures matinales nous trouvent en chemin ! »

Je passai ma main sur mes paupières appesanties, les volets s'entr'ouvrirent, et l'ensemble du tableau que, la nuit, j'avais cru saisir dans mes rêves, s'offrit à moi brillant de rosée.... Je revis le coteau parsemé de ronces aux fleurs blanches, d'arbres de Judée aux fleurs roses ; je revis le village, le pont de bois, l'écume argentée qui roulait plus bas ; je revis le rocher, ses arbrisseaux, ses mousses !...

Combien il est doux, aux premiers instans,

appuyé sur sa fenêtre, combien il est doux, d'aspirer l'air qu'agite la brise, d'une belle journée; de considérer sur les hauteurs, le progrès des rayons que le soleil envoie bientôt à la plaine; de promener son œil sur le coteau; de le reporter aux alentours, et là, d'examiner une à une les scènes si pittoresques, pourtant si simples, qui se développent près de vous.

Ici, c'est la paysanne endimanchée; elle traverse le chemin étroit qui borde le précipice, elle dit son chapelet, et se dirige vers l'église dont la vieille cloche s'ébranle déjà. Là, c'est le séminariste, son bréviaire à la main, qui marche rêveur sur le pont, s'arrête près du villageois, devise avec lui des affaires du hameau, et, après quelques sourires, quelques bons conseils, quelques coups donnés familièrement sur l'épaule, s'éloigne lentement pour disparaître derrière les oliviers. Plus loin, une femme affairée lave, dans le ruisseau, les pièces du tas de linge qu'elle a placé sous ce buisson; elle est inquiète, un voisin paraît, elle se cache, puis elle revient, se hâte, et fuit et revient encore; car aujourd'hui c'est *dimanche*, si le Signor Curato passait!... — Monté sur un âne, le manteau bleu roulé derrière lui, le chapeau pointu orné de giroflées; un montagnard débouche par le sentier rocailleux, pendant que, rouge, fatiguée, son enfant dans les bras, s'avance la villageoise que, l'an dernier, il vint demander au meunier du bourg, et qu'à cette heure il ramène pour un seul jour, dans le lieu que, si souvent durant l'année, elle a nommé, une prière sur les lèvres, un regret dans le cœur.... Quelques petits drôles, la gaîté empreinte sur leurs joues rebondies, crient, sautent, se dépassent l'un l'autre en conduisant vers le pré voisin les moutons qu'on a confiés à leur prudence. Tout, jusqu'à l'insecte qui se glisse sous l'herbe, s'envole dans les airs, ou s'enfonce au sein d'un frais calice, tout s'émeut, tout est vie; et le rire des uns, le chant des autres, le bruissement du vent dans les feuilles, le murmure des cascades, les mille voix de la nature semblent s'élever comme une hymne de bonheur.

Cependant il faut partir; le guide attend, le soleil monte, les cascatelles nous restent à contempler. — Je les vis bientôt, mouillant le roc, répandre autour d'elles une masse aussi étincelante que les parcelles du diamant, puis, légères, transparentes, ainsi qu'un voile de gaze soulevé par le zéphyr, faisant taire leurs eaux tumultueuses, convertissant en nappe tranquille les jets qui bouillonnaient; je les vis s'échapper au travers de la vallée et enlacer la prairie de leurs larges replis.—Elles partageaient la colline en mamelons; le chêne vert que supportait l'un, s'inclinait vers les ondes, en recevant sur ses branches quelques gouttes scintillantes ; une chèvre, coquettement posée sur le second, paraissait s'offrir au pinceau d'un peintre; les autres, riches en plantes touffues, semblaient revêtus d'un tapis moëlleux, et réunis ou divisés, tous présentaient un coup-d'œil piquant.

Avec quelle douce sensation de liberté ne m'oubliais-je point devant ce paysage que ne ternissait aucun détail vulgaire!...... Combien j'aimais à m'arrêter de temps à autre, à m'asseoir sur le gazon odorant, à cueillir la menthe, dont le parfum s'étendait autour de moi. Combien j'aimais à détourner mes regards de ce tableau qui fatiguait jusqu'à ma pensée, pour les reposer, et la reposer, elle aussi, en les laissant se perdre dans l'ombre du bois! J'aimais à suivre les mouvemens de la vache grise qui paissait à mes côtés, broutant cette fleur, dédaignant cette autre, fauchant peu à peu la prairie, m'effleurant de son ventre arrondi ; elle attachait sur moi ses grandes prunelles rondes, elle passait sa langue sur son museau rosé, et fuyait devant ma main qui s'approchait d'elle chargée d'herbes, de feuilles tendres. J'aimais à guetter le lézard chatoyant qui sortait du buisson, grimpait sur la pierre, se chauffait aux rayons du soleil; tandis que, penchée vers lui, je voyais battre son cœur qui soulevait les plis de sa peau nuancée, et que, chantant à demi-voix, j'espérais..., ajoutant foi à je ne sais quelle populaire croyance, le retenir plus longtemps sous mes yeux. J'aimais à voir le ramier sauvage se percher sur l'arbuste, sautiller de branche en branche, tourner et de droite et de gauche sa tête mignonne, glisser son bec dans ses plumes luisantes, appeler d'un cri sa compagne, puis au moindre bruit s'élancer dans les airs avec elle. J'aimais à voir deux papillons jaunes voltigeant sous les arbrisseaux, agiter l'un près de l'autre leurs ailes délicates, faire trembler ou faiblir le brin d'herbe sous leurs pattes menues, et se cacher parmi les fleurs qui parfument le ravin. J'aimais encore à considérer la ruine d'où s'écoule en frémissant la cascade qui tourbillonne au-dessus des autres, et va mêler dans le même gouffre ses flots à leurs flots. J'aimais à compter près des eaux les hautes forges noires dont les portes étaient closes, les environs déserts, les marteaux silencieux. J'étais heureuse d'*être*, heureuse de sentir; je chérissais ma solitude, mes joies minutieuses; et me livrant sans réserve aux fantaisies du moment, je me plaisais à augmenter le nombre de ces heures soustraites à la vie ordinaire.

Plus tard, quand, au sortir de la messe, les paysans, attirés par les chaleurs de midi, se furent rassemblés sur la place, je traversai de nouveau le village. Les femmes, la tête ornée de leurs voiles carrés, des poires de corail aux oreilles, le cou entouré d'un riche collier de même matière, s'entretenaient assises sur les degrés du temple, pendant que les hommes, appuyés contre le mur, ou nonchalamment couchés sur le seuil de leurs portes, demeuraient paupières demi-closes, tête penchée et le sourire de la paresse sur les lèvres.

Je parcourus la villa d'Est dont le nom réveille de si poétiques souvenirs! Il y a bien encore là des haies qui s'élèvent à perte de vue, et font du parc presque une citadelle champêtre; il y a des effets de perspective construits à force d'art, de pierre et de mastic; il y a du buis aligné, du gazon coupé en dessins étranges, des fontaines ensevelies sous le mortier... Mais les haies abandonnées sont devenues grands arbres, et leurs branches, franchissant la limite que leur avaient tracée d'ignorans ciseaux, se tordent, s'entrelacent. — La perspective formée par d'immenses cyprès plaît à l'ame en la faisant penser; c'est une gloire déchue, l'on se surprend à soupirer devant elle. Les buis disparaissent peu à peu sous les feuilles de l'ortie qui se joignent à leurs rameaux; la pelouse empiète sur le sable; les fontaines, seules vivantes au milieu de ces débris, jaillissent avec vigueur, remplissent les bassins, fécondent tout auprès d'elles; de l'orgue qui résonnait autrefois dans le jardin, deux rouages creusés par la rouille, demeurent seuls; et ce squelette de villa qu'envahit la nature, produit un effet dramatique.

Je visitai, vers le soir, la villa d'Adrien; quelque chose me manquait sous ces vastes ombrages, vers ces murs dégradés, dans ces forêts où s'épanouissent les violettes, les anémones, les cyclamens; c'était le bruit des eaux; c'était l'éclat, c'étaient les nuances mobiles qu'elles déploient; et la magnificence champêtre de ces lieux ne put empêcher les regrets de me maîtriser.

Rome, 17 avril 1834.

Je partis hier de bonne heure pour Frascati, presque résolue à le trouver moins frais, moins admirable que Tivoli; si le contraire n'arriva pas, il s'en fallut peu.

La route cependant était détestable, les cahots, les secousses, les portions entières détruites, la rendaient bien longue; mais la campagne m'apparaissait si majestueuse, le ciel si pur, les ruines si heureusement éclairées, que ne pas jouir eût été de l'ingratitude. Je chassai donc une disposition à *voir en noir* qui m'avait saisie dès le matin, et, obéissant au désir d'être heureuse qui s'emparait insensiblement de moi, je me résignai de bonne grace à admirer, si d'admirer il m'était force.

Nous cheminions dans les plaines, longeant un aqueduc, puis l'autre, voyant au loin leurs arches élancées, borner l'horizon, tandis que les premières lueurs du jour se jouant sur eux *transfiguraient* le paysage.

Le berger précédait ses chèvres, qui s'avançaient en troupes nombreuses, traînant leurs soies blanches sur l'herbe humide de rosée, et se pressant quelquefois auprès des touffes appétissantes pour en couper les plus tendres extrémités. Le paysan, accroupi dans sa charette, le bas du visage enfoncé sous son manteau, et le chapeau rabattu sur le front, oubliait de guider ses bœufs, qui n'en conservaient pas moins leur grave allure. La campagne était majestueuse; près d'échanger ses plaines incultes contre les plaines fertiles de la Toscane et du Milanais, je découvrais en elle un attrait inconnu.

En se rapprochant de la montagne, le pays devenait moins désolé; sur la terre labourée, on voyait verdir le blé de printemps; le vent qui courait dans les cerisiers leur enlevait une masse de pétales blancs, et jonchait l'herbe de ces frêles débris; vus au travers de leurs fines découpures, les cieux paraissaient une vaste mer suspendue sur leurs cimes; de somptueuses villas étalaient leurs jardins prétentieux parmi les bosquets irréguliers qui tapissaient la montagne; et Frascati, ses masures, son église sombre, embellissaient le paysage en lui donnant une apparence de vie que n'auraient pu lui communiquer les grands volets fermés des habitations du riche.

Comparer Frascati à Tivoli me serait difficile. L'un est à l'autre, ce qu'est l'Océan, avec ses vagues énormes, avec son horizon à perte de vue, avec ses vaisseaux à trois ponts, avec la majesté de ses rivages, aux bords animés, aux ondes faiblement ridées, aux batelets des lacs de la Suisse! Si la plage du premier, si la grandeur de son étendue, si la puissance de ses flots plaisent à quelques-uns; si l'aspect de ses eaux qui se déchirent, se dressent tumultueuses, montent jusqu'aux nuages noirs qui les recouvrent, se réunissent avec fracas, puis s'abaissent en mugissant pour rugir et monter encore, leur semble un noble spectacle; d'autres aiment à contempler les accidens que leur offre une nature moins sublime. Ils aiment à considérer cette rive, qui projette dans les eaux l'ombre de ses glaciers, le reflet de ses maisonnettes de bois, jetées çà et là dans les prés; ils aiment à épier la batelière qui amarre sa nacelle, et va rejoindre sous les sapins le sentier du village; ils aiment à voir le troupeau s'abreuver vers le promontoire; puis rentrer dans l'étable, et ruminer lentement pendant que la paysanne court d'une vache à l'autre, les trait tour à tour, remplit de leur lait les baquets d'érable, que, chassé des hauteurs par les neiges et par l'ouragan, le pâtre du hameau embellit de sculptures durant les veilles de l'hiver. Je me sens indécise ; donner la préférence à Tivoli me paraît juste lorsque je laisse errer ma pensée sur ses richesses ; mais Frascati, sa végétation gigantesque, la paix de ses chemins sous les chênes verts ; mais sa vue sur la mer, sur Albano, sur Castel Gandolpho, sur Rocca del Papa ; ces souvenirs m'assaillent, et je balance encore.

Je me rappellerai long-temps l'église des Capucins. Un berceau de feuillage aboutissait à sa porte ; quatre lieues faites à pied, nous rendaient indifférens à tout objet nouveau ; notre seule impression était celle de la fatigue, notre seul désir celui de rejoindre la voiture au plus vite, quand le guide, bon vieillard fidèle à sa routine, qui suivait les mêmes sentiers depuis quarante ans, et qui les suivait dans le même ordre, nous fit presque forcément asseoir sur les marches de l'église, tandis qu'il allait au-dedans prévenir de notre arrivée. Quelques instans furent employés à souffrir de la chaleur, à se plaindre ; les portes s'ouvrirent ; un air frais, une odeur balsamique se répandirent au dehors, nous entrâmes.

Un demi-jour régnait dans ce lieu de recueillement... si je l'osais, je dirais de délices! Les dalles de marbre reluisaient nettes et polies; des têtes d'anges se nichaient dans la voûte, devant chaque autel un vase rempli de fleurs exhalait une senteur suave. A genoux vers un prie-dieu, les mains jointes, le visage pâle, la tête couronnée d'un large bandeau de cheveux noirs, un des frères murmurait ses prières et promenait à la dérobée de longs regards sur nous; précédés par un autre, nous marchions en silence; sa noble taille, ceinte de la corde, se dessinait sous les plis de la robe brune. Il nous conduisit dans la sacristie, auprès du crucifix peint par le Guide, prétexte de notre visite. Le calme de cet endroit, le parfum des fleurs d'orangers qui se confondait avec celui de l'encens; ce capucin prosterné, cette lampe bleuâtre, ces paroles dites à voix basses, recelaient un indicible charme!.... J'aurais voulu demeurer quelques minutes dans cet atmosphère, j'aurais voulu me glisser au fond d'une chapelle, me recueillir, m'oublier..... mais le frère nous ramena vers l'entrée, et nous passâmes.

L'image de cette petite église ne m'a pas quittée depuis mon retour! Ce sont là de ces souvenirs vifs, détaillés, ainsi que les souvenirs d'enfance, et qui durent comme eux, une vie entière.

CHAPITRE XXXIV.

DÉPART. — SENSATIONS. — TERNI. — TRASIMÈNE.

Civita-Castellane, 18 avril 1834.

Une derniere visite au Colysée, à Saint-Pierre; un regard sur le Tibre, quelques secondes données au bois, à la fontaine d'Egerie; un soupir, un demi-regret, et adieu Rome.... adieu!

Pour mon bonheur, je suis partie presque

indifférente. La seule larme qui se soit échappée de mes yeux est tombée sur les pavois de Saint-Pierre; le Colysée m'a bien arraché un gémissement, mais il était faible; et j'ai vu, sans que les battemens de mon cœur se soient accélérés, j'ai vu disparaître les coupoles, les flèches et les croix de la ville sainte.

Je respire librement hors de ces murs; cette disposition à la mélancolie, qui m'avait envahie dès mon arrivée, s'efface peu à peu; d'amères pensées ne viennent plus se grouper autour de moi comme des fantômes et troubler mon repos. L'*Ave Maria*, chanté à voix déchirante devant une image de la Vierge, le soir, dans les ténèbres, dans la solitude de la nuit, ne retentira plus sous mes fenêtres! L'accent des prêtres, qui s'avançaient à la lueur des cierges, têtes basses, figures voilées, des chapelets aux mains, ne me fera plus frissonner, au sein même d'impressions agréables; et je ne verrai plus sous le drap blanc qui recouvrait le cercueil dont leurs épaules étaient chargées; je ne verrai plus se dessiner les contours du cadavre qu'ils allaient enfouir dans la terre! Le vêtement noir des séminaristes, leurs joues ternes, leurs lèvres amincies, leurs yeux cernés d'une teinte bleuâtre, tous ces reflets d'une souffrance intime ne s'offriront plus à moi pour me navrer. Je suis délivrée d'un grand poids; je retrouve une foule d'émotions douces, que depuis un mois, je ne connaissais plus; et de même que long-temps obscurcie par l'ombre de nuages épais, la campagne renaît, se fait verte, s'embellit de nuances aux rayons du soleil; de même aussi, mon ame s'entr'ouvre aux sensations de bonheur qui lui parviennent une à une, et reprend une vie nouvelle.

Cependant, il est triste d'abandonner Rome sans chagrin; il est triste de se découvrir froid lorsqu'on s'est cru chaleureux, il est triste d'avoir à se *désillusionner* sur soi-même; mais ce que j'avoue ici, d'autres le pensent peut-être, et cela seul me console.

Puis, est-ce légèreté d'esprit, est-ce paresse de cœur? je ne saurais m'attacher aux villes, aux campagnes étrangère; si les premières heures m'enivrent quelquefois, celles qui suivent me désenchantent presque toujours! Il en est de mes rapports avec les lieux que j'habite, comme de mes relations avec les gens du monde; l'attrait de la nouveauté séduit également chez tous deux. Mais, qu'on creuse plus avant; qu'on ait rencontré chez celui-ci quelques parties laides ou antipathiques; qu'on ait surpris chez celui-là quelque sentiment, quelque opinion en désaccord avec les siennes, et l'on reste froissé. On éprouve du mécontentement, de l'irritation à s'être égaré soi-même; c'est là une sorte de duperie dont l'amour-propre souffre plus que le cœur; les liens se relâchent, bientôt ils se rompent; quoique légère, la blessure n'en laisse pas moins une cicatrice; et l'ame, à ces épreuves, contracte une défiance, une mobilité dans les affections, qui rend l'amitié moins durable et plus lente à se former.

Narni, 19 *avril* 1834.

Le pays que nous parcourons maintenant est riche en sites romantiques! Les mouvemens de terrain se succèdent; de vieux châteaux ruinés, une tour, un portique embrassé par le lierre, se découpent percés à jour sur la montagne voisine, dont une toison de myrte, de genet épineux ou de bruyère arrondit les flancs. Le Tibre, roulant ses eaux d'un bleu terne, serpente dans la vallée. De petites villes entourées d'antiques remparts se nichent sur les rochers, dominées par une forteresse dégradée. Le son des cloches se répand dans les airs avec celui du cornet qui rassemble les troupeaux. Sur le pont, s'élève une chapelle auprès de laquelle s'inclinent et le muletier qui chasse devant lui ses bêtes de somme, et le petit gardien qui suit ses chèvres de loin, et le vieillard aveugle qui va rejoindre le détour de la route où chaque jour il tend la main, montre ses cheveux blancs, redit sa prière! — Le chant des oiseaux, le cri des insectes retentissent dans la campagne; ce sont des notes brèves, aiguës, puis un gazouillement léger qu'on a peine à saisir; le bêlement plaintif de l'agneau se mêle aux mille bruits de la nature qui nous arrivent pleins d'harmonie. Le village, la hutte des pêcheurs près des eaux; la masure du pauvre avec ses murs crevassés, avec ses portes enfumées, se présentent aux regards et les enchantent! C'est qu'après un long séjour dans les villes, c'est que sous un ciel pur, c'est que par une splendide journée de printemps, tout sourit à l'imagination. — Un pot à fleurs, placé sur la fenêtre d'une paysanne, cette même fenêtre garnie ici de carreaux fendus; là d'une feuille de papier noircie par les lettres majuscules qu'y traça dans le temps un frère, un oncle, maintenant curé; sous le porche, quelques femmes, la quenouille aux mains, quelques vieilles appuyées sur leurs béquilles; puis le chat qui passe et repasse, enfle son dos sous la main qui le caresse; puis le pigeon qui s'abat à quelques pas en piquant un grain échappé à la ménagère, une miette de pain détachée du morceau dans lequel mordait l'enfant du voisin; voilà qui charme! On s'oublie à contempler une fontaine; on s'oublie à contempler les vaches qui plongent leur museau dans l'eau fraîche, l'absorbent lentement, s'éloignent, les naseaux humides encore, et sèment sur le gazon des gouttes brillantes. On se plaît à considérer la fumée du feu champêtre, qui monte en tournoyant derrière les arbres, tandis que les flammes embrâsant les menus morceaux de bois offerts à leur avidité, se divisent, se rapprochent et pétillent! La chèvre qu'on trait devant la porte de l'étable; le lait qui se précipite avec sa blanche écume dans le vase de terre; l'attitude gracieuse de la paysanne qui presse de ses doigts les mamelles de l'animal et appuie la tête sur ses flancs; de tels détails distraisent d'une manière charmante!

Je crois sans cesse voir écrites en lettres

vivantes ces descriptions que Cervantes a laissé cheoir comme autant de pierreries dans son Don Quichotte. La rivière qui coule paisible sous le pont, le batelet fixé sur le rivage, l'hôtellerie isolée, me rappellent tour à tour les plus piquantes scènes du roman ; et c'est à peine, si vers la croisée où aboutissent plusieurs chemins, sous le toit d'une masure abandonnée, je ne cherche point de l'œil le chevalier, brave, fou, spirituel par excellence, et son écuyer moins fou, moins brave, moins spirituel; mais plus ravissant encore de nouveauté, de naturel.

Le changement qui s'opère dans la physionomie des habitans, (j'entends physionomie morale) est remarquable! Autant Naples, autant son peuple aux paroles ardentes, mais aux volontés stériles, ressemble peu à Rome, à son peuple actif sans bruit, à son peuple fasciné par les prêtres ; autant la population des bourgs et des villes, situés dans ces montagnes diffère de celle de Rome! Ici, pas d'expression malveillante; nulle part ce froncement de sourcils, ces rides sur le front, ces lèvres dédaigneusement relevées qui annoncent une humeur soupçonneuse et vindicative. Plus de mots circonspects, plus de ces pratiques offensantes pour le Dieu qu'on sert de la sorte, avilissantes pour l'homme qui se dégrade en les exécutant; par contre, franchise, développement d'esprit, clarté dans les raisonnemens, liberté dans les opinions, liberté dans la manière de les exprimer; élargissement des idées, transformation complète!

Après quatre mois de silence politique; après quatre mois passés à voir dormir des hommes, et à les voir dormir d'un sommeil pesant, d'un sommeil exempt de rêves, d'un sommeil qui vous donne, à vous, le cauchemar; on ressent une satisfaction profonde à rencontrer des hommes que de fougueux désirs, qu'une volonté inébranlable ont secoués fortement, et tiennent réveillés. C'est un bonheur que d'entendre, malgré la police, malgré le gouvernement, malgré *i brigandi,* (ainsi qu'on nomme les soldats que le pape fait recruter aux galères et verse sur ce pays); c'est un bonheur que d'entendre conter comme quoi l'armée constitutionnelle se formait en 1831, accueillie de tous avec acclamation et recevant à chaque heure dans ses rangs les habitans des villages ou des hameaux qui se trouvaient sur sa route! C'est un bonheur que d'entendre les mots énergiques qui rendent le désespoir dont furent saisis ces paysans, à la dispersion de la troupe; et c'est plus que du bonheur, c'est de l'espérance qu'on ressent à surprendre dans leurs yeux l'expression de la rage, dans leur bouche une menace sourde faite à lèvres serrées; une menace aussi effrayante que le roulement du tonnerre, lorsque, dans une chaude journée d'été, il mugit au loin, se promène, dans les nuages accumulés vers l'horizon, se rapproche, sillonne la nue, finit par éclater en détonations terribles, frappe le chêne au sein des forêts, incendie les bourgs, les villages, et ravage et désole la contrée!

Spolette, 20 *avril* 1834.

Terni, sa cascade, ont surpassé mon attente! Après nous être oubliés vers le pont rompu de Narni, dont l'arche solitaire entoure de son arc un tableau champêtre, nous arrivâmes à midi devant la petite ville de Terni. Sans nous arrêter dans les rues, nous primes le chemin qui suit la pente rocailleuse et mène à quelques pas de la chute d'eau!

L'air était constamment renouvelé par la brise, qui enlevait aux fleurs leurs parfums, qui agitait faiblement les branches des arbrisseaux, puis nous rapportait mille senteurs délicieuses.

S'étendant parsemée de *Casini*, la vallée se resserrait par degrés et se perdait dans les enfoncemens de rochers, pendant que l'on entendait mugir dans le fond la cascade qui se partageait contre les pierres mousseuses, ou passait écumante sous les racines du chêne planté vers la rive. Nous mîmes pied à terre; une espèce de corridor creusé dans le roc nous conduisit sur le torrent, et jamais la puissance, jamais la vélocité des eaux, ne se révéla si belle à mes yeux. Contenu dans un canal de moyenne dimension, le fleuve tout entier se précipitait avec une inconcevable vitesse vers l'abîme que je n'apercevais pas encore; son volume était énorme; resserrées dans le couloir, les ondes se gonflaient, sans cesse précédées, suivies, renouvellées par des flots nouveaux et passagers comme elles : il y avait de la grandeur dans ce spectacle.

Tandis qu'on regarde le cours désordonné de ces eaux, dont pas un des rochers immenses jetés çà et là ne saurait ralentir la fuite;

l'ame, par une insaisissable chaine d'idées, se reporte sur elle-même, elle se reporte sur l'être misérable auquel elle est liée, et dont les jours glissent, entraînés par une irrésistible puissance, puis s'engouffrent sans qu'un seul renaisse, sans qu'elle, vivante, immortelle, puisse les faire plier sous sa volonté, en fixer le nombre ou la durée! Elle se reporte sur l'avenir... l'avenir n'est qu'un instant; chaque flot qui s'enfonce avec un bruit sourd semble emmener avec lui une portion de l'existence; on dirait que là elle se consume plus rapide, et l'on s'éloigne avec terreur!

A quelques pas, je vis la rivière s'élancer telle qu'une avalanche dans l'abîme qui s'ouvrait sous ses ondes, puis les envoyait composer sur les roches voisines une foule de menus ruisseaux, dont l'écume lavait les mousses attachées au tuf, et retombait en longs filets scintillans dans le courant principal. Les rayons du soleil, qui se jouaient dans la cascade, la peignaient des couleurs de l'arc-en-ciel. De l'autre bord elle me parut plus merveilleuse encore! On eût dit à la voir une colonne de diamant mouvante, jetant par gerbes des feux nuancés. D'un regard on embrassait ses sinuosités et les accidens qui variaient son cours; rien de beau comme cette masse tournoyante, comme ces taches d'ombre qui faisaient étinceler les parties lumineuses, comme cette verdure opposée à son éclat neigeux, comme ses bonds, comme ses détours, comme sa course folle au travers de la vallée, comme cette *unité d'action*, qui attirait les regards sur elle seule, et la faisait grande, la faisait majestueuse de toute la grandeur, de toute la majesté de la solitude.

Le soleil se couchait, lorsque nous nous éloignâmes; ses lueurs se répandaient en flots d'or autour des pics. Cotoyant la rivière sous le bois de chênes verts adossé aux rocs; je marchais, le cœur léger, reposant mes yeux sur les montagnes dont la base s'obscurcissait peu à peu, ou, les élevant vers la lune, depuis longues heures suspendue à la voûte, ainsi qu'une vapeur blanche! Je ne saurais redire avec quelle promptitude s'écoulèrent ces instans d'entre *chien et loup*, où le jour était terminé, et la nuit distante encore; la demi-clarté de l'atmosphère prêtait une beauté surnaturelle à la campagne. Mes idées prenaient insensiblement la teinte vague du paysage. Je voyais, je respirais, je pensais encore; mais je ne cherchais plus de sensations nouvelles, et si quelques-unes m'arrivaient, c'était délicates, c'était incertaines, comme un ressouvenir dans le sommeil.

Le mouvement de la voiture qui nous ramena jusqu'à Terni, ne put me ravir à cette espèce de torpeur si douce. Le feuillage des oliviers se détachait sur le large ruban rouge qui bornait l'horizon; les bosquets, les haies paraissaient fuir, noires et découpées, devant le fond jaune, qui pâlissait. Quelque poète, quelque artiste ou quelque constitutionnel errait un livre à la main, les bras croisés, la tête inclinée, dans le chemin écarté; point d'effets pittoresques, point de scènes inattendues; la nature elle-même semblait rêveuse.

Les fenêtres de mon appartement s'ouvraient sur la place; je m'établis vers la croisée, et là, au travers des conversations qui me parvenaient, coupées, inintelligibles; au travers des cris grossiers des uns, du rire bruyant des autres, j'entendis pour la seconde fois des chants populaires en Italie. Les accords d'une guitare résonnaient, interrompus de temps à autre par une *canzonetta* aux paroles brèves. Les airs de la *Norma*, ceux de la *Straniera;* des chœurs, des marches accentuées, qui seules étaient à la fois une menace et une promesse, retentissaient tour-à-tour. Bientôt les intervalles se rapprochèrent, les voix s'affaiblirent; les rayons de la lune, qui glissaient sur quelques bourgeois en retard, n'éclairèrent plus qu'une étendue déserte, et je me retirai.

Passignano, 21 *avril* 1834.

Me voici vers les bords du lac Trasimène. Plût au ciel que la poésie déployée sur ses eaux bleues, sur ses rives enchanteresses, vînt animer ma plume et me retracer aux jours à venir les monts éloignés dont les flancs s'aplanissent en vertes prairies; les forêts qui ombragent la côte; le silence de la grève, les effets de lumière sur la colline; les nuances tour à tour dorées, roses, lilas, vert foncé, dont elle se revêt à cette heure.

Je voudrais peindre le disque de la lune qui se réfléchit dans l'onde ridée; je voudrais peindre les rires, les causeries des villageois rassemblés devant leurs maisons de briques; je voudrais peindre ces enfans assis sur le seuil de la porte, serrés l'un contre l'autre, jetant parfois un coup-d'œil impatient vers la paysanne qui accumule le bois sec sous la marmite, qui goûte le potage, l'assaisonne, le verse dans le plat creux; puis sort de la maisonnette toute rouge, appelle ses marmots déjà rangés auprès de la table et fait de loin signe à son mari, qui s'avance, la bêche sur l'épaule. Je voudrais peindre le frère-voyageur, revêtu de la robe brune, un bâton blanc à la main, qui passe dans le village, s'efforce à découvrir le couvent où il doit reposer cette nuit, s'arrête vers un groupe de vieillards et disparaît bientôt, conduit par le jeune garçon qu'on lui a donné pour guide. Je voudrais pouvoir redire la courbe gracieuse que décrit le lac; les sinuosités de la vallée, le bonheur qu'on ressent à laisser ses regards s'ébattre dans l'étendue, à leur mettre la *bride sur le cou*, à recevoir les mille émotions indescriptibles qu'ils vous apportent. Je voudrais redire le ravissement qu'on éprouve à se perdre dans la contemplation de quelque planète lointaine, à courir par la pensée de mondes en mondes, à considérer le réseau d'argent que les étoiles forment sur la voûte sombre, à écouter la barcarolle chantée à deux voix par les pêcheurs qui vont assujétir la barque aux pieux enfoncés dans le sable du rivage! Je voudrais enchaîner sur cette page les contours du tableau; je voudrais en fixer les détails avec cette variété, avec cette exactitude minutieuse, qui les rend précieux!... Mais, je n'ai rien dit encore de Spoleto, ni de Foligno: force m'est d'abandonner le lac pour retourner sur mes pas.

Nonobstant sa position pittoresque, Spoleto ne m'a plu qu'à demi. Ses rues étaient remplies d'une multitude dont les accens aigres me rappelaient, d'une manière désastreuse, les cris de Naples. Foligno, en revanche, accroît le nombre des lieux intéressans que j'ai visités jusqu'ici. C'était hier dimanche : les femmes, enveloppées dans la pièce de taffetas noir qui leur sert de voile, se promenaient hors des murs; des séminaristes rentraient dans la cité; et, sur la place d'armes, précédés de la trompette, suivis par les malédictions du peuple, la cavalerie, l'infanterie, les *brigandi* exécutaient maintes évolutions, qu'hormis les prêtres, nul ne se prenait à regarder.

Profondément lézardées en quelques endroits, écroulées en quelques autres, les habitations, dégradées par le tremblement de terre de 1831, étaient couvertes de barres de fer, et appuyées sur de longues poutres. Accompagnés du cicerone, nous examinâmes les dommages qu'avait causés le phénomène. D'une voix altérée par l'effroi que lui inspirait le souvenir de ces jours terribles, le guide me contait et la secousse qui ébranla les constructions, et la terreur dont furent saisis les habitans, et comme quoi, pâle, fasciné par l'horreur de cet instant, chacun essayait de fuir, puis retombait; celui-ci sur sa chaise; celui-là sur le terrain; cet autre au milieu de la place; un quatrième, devant les murs qui se fendaient; tous privés de force, presque de volonté; tous levant les yeux, les mains vers le ciel et se jetant à genoux! Il me narrait de quelle manière la population en masse vit de loin crouler ses murailles, les toits s'enfoncer à grand bruit, le terrain se joncher de décombres. Les moines, les nonnes effrayés, se précipitaient hors des couvens; les prêtres s'écriaient, à voix menaçantes :

— « Ecco, ecco! la ricompenza, che Dio fà a scommunicati constituzionali come voi[*]!.. »

---

[*] Voilà, voilà la récompense que Dieu fait à d'excommuniés constitutionnels comme vous...

Les gens de l'autre siècle se frappaient la poitrine, bégayant avec sanglots....

— « Perdono, perdono, ch'era grande il fallo *. » — « Et nous autres, » disait le cicerone, « et nous autres, nous répondions *à sti cani indiavoliti* ** :

« Se questo, castigo di Dio è, perché fuggir voi che non avendo peccato, temere non dovete?.... Dunque, via, tornate alla città, che siete innocenti di tutto ; e non turbarci, con quelle buffe *** !... »

* Pardon, pardon ! car la faute était grande.
** A ces chiens endiablés.
*** Si cela est un châtiment de Dieu, pourquoi fuyez-vous, vous qui, n'ayant point péché, ne devriez rien craindre ? Donc allez, retournez à la ville, car vous êtes innocens de tout, et ne nous troublez plus avec ces sottises !

CHAPITRE XXXV.

TOSCANE. — FLORENCE. — LA PARISINA. — UFFIZI. — ÉDIFICES. — LES CASINI.

C'est avec regret que j'ai quitté Passignano, pour entrer dans la Toscane. Les campagnes cultivées avec art, les champs régulièrement plantés de vignes, ses fermes bien tenues et l'aspect uniformément riche de ce pays ne sauraient atténuer l'attrait du petit lac que j'ai abandonné ce matin. Il était plus séduisant encore qu'hier au soir; une vapeur infiniment légère s'élevait près de ses côtes; quelques batelets s'élançaient sur sa surface; ses îles, que la veille on discernait à peine, frappées par le soleil levant, se découpaient sur les cieux, comme une silhouette noire, et faisaient bleuir les vagues qui frémissaient à leur pied; les aboiemens du chien de garde résonnaient sur la rive opposée; sous le porche voisin, deux hirondelles travaillant à leur nid faisaient entendre leur cri perlé et couraient sur les tuiles, apportant en grande hâte quelque brin d'herbe, quelque plume, quelque paille menue trouvée sous la haie, dans le sentier, près de l'étable. Tout, jusqu'au chevreau de la semaine, qui gambadait vers sa mère; jusqu'à la feuille, qui se déployait sur l'arbuste; jusqu'à la fleur du cerisier qui laissait glisser dans l'herbe la goutte de rosée dont l'avait chargée la nuit précédente, puis s'ouvrait éclatante de blancheur parmi les boutons pressés autour d'elle; tout captivait. Tout semblait se réjouir de cette nouvelle journée qui descendait sereine, splendide, sur la terre, et qui réveillait à d'infinies jouissances les créatures qu'elle porte par milliers!

Si le pays a gagné, sous le rapport de l'arrangement et de la propreté; il a perdu un peu de cette couleur originale que lui communiquait la pauvreté des états du pape. Le chapeau de paille à fond haut, à ailes étroites, a remplacé sur la tête des femmes ce voile qui faisait si bien dans le paysage ; aux corsets rouges ont succédé des vestes brunes dont les contours sont inélégans au possible ; de loin, habillées de ce drap sombre ; le visage enseveli sous ce chapeau massif, les paysannes offrent je ne sais quelle apparence masculine qui déplait aux yeux.

Incisa, 23 *avril* 1834.

Quelques collines sont venues couper la monotonie des plaines. Une suite de vallons boisés, de naïfs tableaux de bonheur champêtre, des points de vue ravissans me forcent à convenir que, si la Toscane l'emporte sur le reste de l'Italie par la culture, elle peut aussi lui être comparée sans désavantage sous le rapport des beautés de la nature. Le blé s'étend en bandes serrées jusqu'au pied des coteaux, tandis qu'entre les arbres fruitiers, la vigne, régulièrement taillée, verdit déjà

Des fermes avec leurs murs blancs, avec leurs volets peints de couleurs vives, avec leurs pavillons de maçonnerie sur le toit; puis, autour d'elles, des intrumens aratoires, signes du bien-être et de l'aisance, sont dispersées dans la campagne. L'Arno se déroule au milieu des prairies; au fond, la haute chaîne des Apennins environne cette vallée d'un rempart. On rencontre sans cesse des villageois occupés à quelques travaux; le contentement, se peint généralement sur les physionomies; sauf quelques mendians, chacun est convenablement vêtu, et l'aspect de cette contrée florissante inspire une satisfaction d'esprit que le voisinage des domaines du Saint-Père fait doublement apprécier.

Aux chapeaux d'hommes, que mettent les paysannes, se sont jointes de lourdes toques en velours noir ornées de plumes. Décrite avec art, une telle coiffure peut sembler jolie; mais, en réalité, rien n'est laid comme ces bérets couverts de poussière, comme ces nœuds sales, comme ces plumes à demi-rongées, et je ne puis m'accoutumer à voir laver du linge, remuer du fumier, porter de la terre, ou conduire les porcs dans ce costume!

Florence, le soir.

Peu de villes ont produit sur moi une plus agréable impression que celle-ci. Sans doute, le coucher du soleil, l'aurore, de rians tableaux, se retrouvent toujours avec un plaisir indicible.... mais, il est singulièrement doux d'arriver chez *Sambalini*, lorsque, durant une semaine entière, ces mêmes choses se sont présentées à nous; lorsque, surmontant chaque soir la fatigue d'une longue journée, et l'humeur qu'on ressent à passer la nuit dans une mauvaise auberge, on s'est efforcé de les retracer dans son journal! Aujourd'hui cependant il faut admirer, il faut peindre encore Florence, ce riche cercle de coteaux, couverts de fermes et de villas; ses pins en parasol, ses vergers en fleurs, ses ormes qui se cachent sous les rameaux de la vigne, m'ont ravie! J'aimais le grand dôme qui termine la cathédrale plaquée de mosaïques, j'aimais ses bâtimens gris entourés de prairies. Le son des cloches, pareil à celui d'un orgue dans ses notes basses, me rendait pensive; un respect profond me saisissait à l'approche de la cité, patrie du Dante, de Machiavel, de Benvenuto.

Cellini et de tant d'hommes célèbres; j'éprouvais une curiosité vive à la vue de ces édifices du moyen-âge, à la vue de ces palais massifs qu'on dirait être taillés dans des quartiers de rocs, à la vue de leurs portes énormes, des grillages dont leurs fenêtres sont obstruées, des chaînes pesantes qui pendent fixées à leurs murs; je n'ai pu me défendre d'une certaine émotion auprès de l'Arno que bientôt on traverse, puis du célèbre *ponte Vecchio* dont les piliers plongent dans ses eaux calmes.

Florence, 24 *avril* 1834.

Les monumens de l'art, les souvenirs historiques qui classent Florence parmi les plus intéressantes villes de l'Italie sous-entendus, une chose la fait remarquable à mon avis par dessus les autres : c'est le bonheur *apparent* de ses habitans; c'est la liberté qui règne dans les paroles, dans les actions, dans le commerce; en un mot, c'est tout ce que les autres villes ne possèdent point, et ce que la plupart d'entre elles ne désirent pas même. Au sortir de Naples et de Rome, Florence enchante! C'est une population gaie, mais non bruyante, ce sont des femmes vêtues avec grâce, et non pas avec ce luxe malentendu qui blesse à la fois le bon goût, le bon sens et les yeux. Dans les galeries de tableaux, c'est une clarté savamment ménagée; c'est une foule de ces confortabilités de détail qui, à notre insçu influent sur nos jugemens, et contribuent plus qu'on ne le pense au succès d'une œuvre quelconque. Les gens s'empressent de vous guider, de répondre à vos questions; on rencontre de la bienveillance gratis, et rien encore ne m'a si fort étonnée que la possibilité de demander le nom d'une place ou celui d'une église, sans être obligée de rendre aussitôt argent pour paroles. Il me semble avoir rejoint ma patrie, après un long voyage dans de lointaines contrées; j'ai perdu cette tristesse involontaire que me causait un contact habituel avec des choses, des hommes, des pensées, des sentimens étrangers; je me sens moralement dilatée, et je ne me retire plus en moi-même pour me *souvenir*, pour regretter!

Cette journée s'est écoulée en courses. Nous avons visité le Baptistère, la cathédrale, son clocher, qui sort de terre dentelé, monte presque indéfiniment, se dessine admirable de sculpture sur la teinte foncée du ciel, et qu'on dirait posé là par le même génie qui bâtit en une nuit le palais d'Aladin. Un mois ne suffirait pas à examiner les mosaïques de la cathédrale, les portes du Baptistère et les ornemens de cette tour magique. On va se heurter ici contre les merveilles de l'art, ainsi qu'on le fait à Rome contre les ruines. Le *David* de Michel-Ange; la fontaine, le groupe de *Neptune*; le Persée de Benvenuto, l'*enlèvement de la Sabine*; bien d'autres morceaux précieux se pressent dans la place et demeurent exposés aux injures de l'air. Ce ne sont plus des sonnets louangeux ou des épigrammes, qu'on vient coller à leurs piédestaux; les voyageurs exceptés, nul ne s'en soucie. Les Florentins, que l'apparition d'une seule de ces statues eût mis en émoi, il y a quelque cent ans, passent distraits sur l'emplacement qui les rassemblent. Le paysan seul, son panier plein de légumes au bras, s'arrête à ce spectacle inattendu, le considère quelques instans, bouche béante; puis, fatigué, s'assied auprès du groupe, et compte les gros sols qui forment le gain de la journée.

Florence, 25 *avril* 1834.

Je fus hier au soir à la Pergola, entendre la *Parisina*, nouvel opéra de Donizetti, Il était chanté par Mlle *Ungher*, que diverses circonstances m'avaient empêchée de voir à Paris, et par *Dupré*, que, fidèle à mon héroïque résolution, je refusai de connaître lors de mon premier séjour à Rome.

La salle me sembla décorée avec élégance. Je croyais retrouver dans son parterre, notre parterre lorgnant, causant et tranchant des Italiens ou de l'opéra ; mes regards, qui se fixaient sur les loges, rencontraient la même entente de la toilette, le même désir de plaire, plus naïvement exprimé peut-être ; et dans les prunelles, un feu méridional, que je n'avais point observé jusqu'à présent. On voyait par fois scintiller quelques yeux bien noirs, on voyait s'avancer quelques têtes brunes, quelques visages expressifs aux traits marqués, au teint pâle. Les sourires, les demi-gestes se succédaient alors avec une inconcevable rapidité ; la loge devenait à son tour un théâtre, et devinant ici, découvrant là, créant au besoin, puis réunissant conjectures et certitudes, je parvenais à former plusieurs *touts*, œuvres de marqueterie, dont l'ensemble réussit à me distraire durant les entr'actes.

A la vérité, j'étais légèrement prévenue.

— « A Florence, » m'avait-on dit, « à Florence, à Lucques, à Pise, vous verrez fleurir ce *Sigisbéisme* qui s'efface maintenant en Italie. Il règne là, non pas tant dans la génération actuelle, que chez les femmes âgées. Fidèles à leurs anciennes mœurs, à leurs vieilles amours, elles sont décidées à les maintenir en dépit du siècle qui s'avance avec des torches flamboyantes, avec une épée à deux tranchans; en dépit du siècle, qui éclaire, qui nettoie ou détruit, selon qu'on plie ou qu'on résiste! C'est là, qu'introduite dans le monde, et si vous avez l'esprit ouvert, vous remarquerez le *Papito*, le *Cavalier Servante*, le *Sigisbeo* et le mari, qui n'est pas la moins originale partie du tableau. C'est là que se développeront près de vous ces *arcani*, dont on vous a fait souvent d'étranges récits; c'est là que vous verrez la célèbre Mme N***, qui produisit naguère contre son sigisbeo infidèle une promesse de la servir *trente ans*, écrite et signée sur papier timbré!

Suivez, si vous en avez le courage, le fil

de quelques-unes de ces intrigues; accueillez les médisances, les caquets, les faux bruits; soyez au guet, n'abandonnez jamais vos acteurs, au bal, à la promenade, dans les courses du matin, dans la conversation du soir, restez à leur côté.... et vous serez initiée aux mystères du *Sigisbéisme*.

Un frisson parcourut mes membres à l'ouïe de ces paroles; je résolus de ne voir la société qu'au théâtre.... puis, et à tous risques, de suppléer à la réalité par quelques illusions.

Revenons à l'opéra. La musique, remplie de cette verve italienne, qui enlève à la représentation, m'a paru une musique *feu de paille*. Ainsi que la flamme de ce dernier, elle éblouit, elle brûle, mais elle ne réchauffe pas. A peine la gerbe qui l'alimentait est-elle consumée, qu'elle s'éteint, ne laissant qu'un peu de cendres refroidies, bientôt dispersées par le souffle du vent. J'ai senti, ainsi que compose Donizetti, chaudement et promptement; la toile, en tombant, a coupé le fil de mes impressions; elles sont demeurées dans la salle, au fond de ma loge, je ne sais où! Cependant, le duo final du premier acte, le quartetto du second, recelaient une énergie puissante et de beaux chants, unis à cette profondeur d'harmonie qui ont immortalisé Beethoven, Weber, Mozart! — Mlle Ungher, dont la voix me semblait au premier moment dénuée de timbre, s'est montrée tragédienne habile. Dupré, sans fiorituri, par le seul secours de son expression qui lui dictait des notes étonnantes à force de passion et de passion analysée, Dupré s'est élevé, dramatiquement parlant, au-dessus de Rubini. *Cosselli* saisissait le rôle du duc avec une grande vérité; aucun des acteurs n'était mauvais, et peu médiocres.

Il se forme maintenant en Italie une nouvelle école de chant. Consacrés à la traduction des pensées, les artistes ne s'égarent pas dans une foule de trilles, de grupetti, de sauts ou de gammes dont l'abus refroidit l'auditeur. On place ces passages toujours de manière à prêter plus d'éloquence aux mouvemens qu'ils doivent peindre; et, asservis à l'intérêt, esclaves des passions que le drame met en jeu, ils en émeuvent davantage.

Le soir.

On ne saurait croire combien il y a de charme à partir de son hôtel par une chaude matinée de printemps, et traversant les rues garnies de boutiques, les places environnées d'édifices sombres, à s'enfoncer dans les mystères du temps passé, à considérer les œuvres d'hommes célèbres dont on sait les mœurs, le caractère, la vie ; à cueillir des impressions, à se faire riche pour l'avenir !

Après avoir admiré les Uffizi, avoir admiré la rotonde, sa Vénus, son remouleur, son plafond nacré, ses murs, que tapissent des chefs-d'œuvre, nous nous sommes oubliées, ma tante et moi, dans cette salle des joyaux qu'on dirait être un chapitre des mille et une nuits réalisé ! Là, sont exposés de rares ouvrages d'orfèvrerie. Le porphyre, l'agathe, l'ambre, le cristal, le diamant, les perles se pressent enchâssés par d'habiles mains. Ce sont de petites urnes en lapis-lazuli; ce sont des cassolettes, ce sont des vases en malachite, en jaspe, en cornaline. La splendeur des pierreries, le jeu de leurs teintes, la délicatesse des montures, la perfection des émaux, ne peuvent se décrire; et ce n'est pas sans un imperceptible sentiment d'envie qu'on s'éloigne de ces chefs-d'œuvre.

Plus tard nous avons visité Saint-Laurent. La chapelle bâtie par Michel-Ange m'a paru frappante de simplicité. Ses statues sont une étude superbe du reflet de l'ame sur les traits. Travaillant sur toute chose à les rendre vraies, il abandonne ce *faire* qui ôte la vie, qui laisse une statue, bloc de pierre; et, fixant la nature sur le marbre, il devient un second créateur, dont les œuvres attendrissent presque à l'égal de celles de Dieu !

J'aime à voir ces travaux que la mort, ou je ne sais quelle paresse, commune à l'artiste dans sa gloire, l'ont empêché de terminer. Je crois surprendre sa pensée dans ce visage ébauché ; je suis les marques du ciseau, elles disparaissent, je regarde encore. Soumis à mon imagination, les contours s'arrondissent, je m'efforce comme si le ciseau était sous mes doigts... là, je retouche; ici je ne puis me défendre d'un léger tressaillement d'orgueil, et le génie de Michel-Ange semble se révéler à ma pensée !

La chapelle des Médicis, située derrière l'autel de Saint-Laurent, n'est encore ni achevée, ni consacrée ; un échafaudage de deux cents pieds, payé cinquante mille écus par le Duc, se dresse jusqu'au dôme. Depuis huit années et sans aide, le chevalier *Benvenuti*, que ses soixante ans n'empêchent point de se faire hisser là-haut dans une espèce de cage, peint à fresque la coupole. Il monte en trois minutes, passe sur la plate-forme sa journée, dont l'uniformité est interrompue par l'arrivée de son dîner; quelquefois par celle du duc qu'on transporte de la même manière et qui vient, fidèle à la coutume de ses ancêtres, encourager l'artiste, approuver ou critiquer l'ouvrage. — Bien que l'effet de la chapelle soit en partie anéanti par l'énorme charpente qui l'obstrue, on peut juger de sa magnificence future. Les murs revêtus de marbres rares offrent les armoiries des anciennes villes de la Toscane retracées en mosaïques de pierres dures. Le jaspe, les granits précieux, la nacre, la perle, le corail, la cornaline, l'améthiste, le jaune, le vert, le rouge, le noir antique, brillent dans ces médaillons. L'autel qu'on doit poser là n'étant pas fini, il nous a paru curieux d'assister à sa confection; nous nous sommes dirigés vers les ateliers du grand-duc. Ils fournissent des morceaux remarquables; ce sont des couronnes de fleurs, ce sont des trophées, ce sont des fruits admirables de dessin, de fraîcheur, de transparence. Ce sont des ombres portées, des coups de lumière, une variété de couleurs dont l'œil demeure ébloui; le pinceau ne saurait fondre plus également les teintes, ni donner à une surface plate une telle apparence de relief. Si ces mosaïques exigent un aussi long travail que celles de Rome, il est moins mécanique; il faut de l'intelligence, du talent même, pour trouver les nuances convenables ; pour mettre à profit les veines, les taches de la pierre; il faut pour les assortir un esprit lucide, un esprit prompt à saisir les rapports du marbre avec la peinture modèle, et l'œuvre des mains doit être constamment accompagnée des combinaisons de la pensée. Il y a, dans les mosaïques de Florence, une finesse, une chaleur de coloris, une douceur dans les gradations, qui manquent à celles de Rome, dont le ciment ternit l'éclat, et que la multitude des menus morceaux employés ne peut conduire au même dégré de perfection.

Nous avons passé l'après-midi dans les jardins du marquis N***. Les lilas parés de leurs grappes épaisses se penchaient sur la pelouse, en exhalant une suave odeur; la rose de tous les mois mêlait son parfum à celui du muguet dont les petites cloches blanches se montraient emprisonnées entre deux longues feuilles; les bosquets étaient composés d'arbrisseaux délicats, dont la verdure projetait une ombre transparente pareille à celle que produirait un voile et ses ondulations. La paquerette aux étamines d'or, le lierre terrestre au calice duquel se suspend l'abeille; puis les graminées, qui balancent leurs grappes flexibles au-dessus des autres, se pressaient dans l'herbe, et l'on eût dit la villa une vaste corbeille de fleurs.

Florence, 26 avril 1834.

L'heure du soir, aux casini, est je crois la plus romantique des heures ! Assise hier sur un banc près du fleuve, je voyais le soleil disparaître derrière les montagnes et laisser après lui une large trace pourprée. L'étoile polaire sortait blanche des feux qui teignaient l'horizon. S'émouvant l'une après l'autre, diverses de timbre, comme de vitesse, les cloches ébranlées sonnaient l'*Ave Maria*, et les voitures, chassées par la nuit qui descendait, me permettaient d'entendre le murmure des grenouilles qui gémissaient dans l'eau. Frappés par les lueurs enflammées du couchant, les quatre ponts se dessinaient sur le ciel obscur, tandis qu'à leurs extrémités scintillaient déjà quelques flambeaux. Les ondes s'écoulaient sans bruit et sans rides; la paix de cette allée d'ormeaux n'était pas troublée par des mots ou par des figures qui forment quelquefois une dissonance avec la nature entière, et libres de toute gêne, nous errions à pas inégaux sur les bords de la rivière. — C'est alors que les casini réalisent les rêveries dont nous bercent les poètes; c'est durant de tels instans que l'Italie nous enivre; c'est alors que nous retrouvons ces scènes, qu'enfoncé dans un fauteuil, par un de nos jours brumeux du nord, par une de ces pluies opiniâtres qui nous emprisonnent dans les murs de nos hôtels, nous nous sommes si fréquemment créées en dépit des frimats.....

Le retour au travers des rues ramène doucement sur la terre; ce ne sont point ici les flambeaux, les lazzaroni de Naples; ce ne sont pas davantage les prières, les chants lugubres de Rome; mais c'est une gaîté gracieuse; c'est une clarté vive; ce sont, réjouis par elle, des marchands avec leurs familles assis devant leurs boutiques; ce sont des femmes âgées, qui entr'ouvrent la porte de l'église, tandis que la lumière et les parfums se répandent au-dehors; ce sont des bandes de jeunes gens qui marchent en fredonnant la cavatine de l'opéra nouveau ; c'est une entière sécurité ; c'est l'expression du contentement; c'est le résultat de la civilisation, portée à un haut point.

CHAPITRE XXXVI.

LE CORSO. — LES CASINI. — LE COCOMERO. — CAFÉS. — PALAIS PITTI. — LA NORMA.

Florence, 27 *avril* 1834.

Le soleil dardait ses rayons dans la rue sans lui communiquer encore une chaleur suffocante ; appuyée sur le rebord de la croisée, je humais l'air du matin, lorsqu'un son lointain de voix réunies est venu me frapper. C'était une procession : des jeunes filles un voile blanc sur leurs cheveux, un cierge orné de fleurs dans les mains, marchaient les premières, suivies de femmes richement vêtues et la tête couverte d'un fin chapeau de paille qu'entourait une guirlande. Les paysans, les prêtres cheminaient deux à deux après elles, et un âne presque entièrement caché sous le tapis de velours cramoisi, sous les franges, sous les broderies, et les tonnelets de bois dont on l'avait chargé, fermait la marche, se prélassant autant et plus que maître Aliboron. La procession se dirigeait vers l'église de l'Annonciade; les villageois allaient offrir un cadeau d'huile et de cire à la Vierge, dont la chapelle resplendissante s'enrichit également des offrandes des rois et de celle du pauvre.

Décrite, cette cérémonie, le but de ceux qui l'exécutaient ne sont rien. Cependant, on ne saurait croire à quel point elle ressortait, naïve, au milieu de rues qu'encombraient déjà le fringant tilbury, le coupé fashionable, les groupes de gens endimanchés. C'était comme un souvenir de nature pittoresque évoqué au sein de la ville et de ses agitations; c'était comme une échappée de vue sur quelque intérieur de village bien simple, bien rustique, et le contraste que formaient les visages bruns, la contenance gauche, les vêtemens d'étoffe solide, mais inélégante des campagnardes, avec les figures mignonnes, avec le maintien libre de gêne, avec la parure éclatante des citadines, composait à lui seul un tableau piquant qu'on ne se lassait point à voir.

Le reste de ma journée s'est passé à ne rien faire; dans une ville étrangère, cet emploi du temps est le meilleur. C'est en ne faisant, c'est en ne visitant, c'est en ne cherchant rien, qu'on découvre mille détails puérils, dont nul ne se soucie, mille détails qui ajoutent à la couleur d'une contrée; et que, préoccupé par un projet arrêté; préocupé par les cent menues inquiétudes qui travaillent l'esprit d'un voyageur consciencieux, on n'aurait point aperçu. Laissant les curiosités pour vivre de la vie bourgeoise, de la vie fainéante d'un pays, on s'initie aux mœurs des habitans, on observe les circonstances de leur vie extérieure, on surprend même quelques particularités de leur existence intime; et c'est ainsi, qu'allant du Corso aux jardins Boboli; des jardins Boboli, aux cascini; entraînés par les trois ou quatre mille personnes qui se mouvaient dans les deux premiers endroits, emportés par les cinq ou six mille qui se précipitaient dans le dernier, nous avons partagé tous les plaisirs de la société florentine.

Le cours, rue sombre, était obstrué par la multitude qui se pressait entre ses murs. On se promenait à pieds; il est vrai de dire que, pour cheminer en voiture, il eût fallu consentir à exterminer les trois-quarts de la population. Les dames, environnées d'hommes assidus distribuaient quelques regards, quelques paroles aimables; puis leurs parasols, leurs écharpes et leurs châles, qu'elles confiaient tour à tour au *Patito*, au *Sigisbeo*, au *cavaliere servante*. (Je m'obstine à les maintenir). La plupart d'entre elles étaient mises avec recherche; les modes, cependant, me paraissaient légèrement exagérées. On remarquait, parfois quelques-unes de ces manches formidables qui ensevelissent la taille, et semblent, au moindre souffle de vent, devoir enlever dans les airs la *dandy* qui leur est attachée. On distinguait ici et là quelques-unes de ces tournures surnaturelles à force d'être minces, qui font demander à chacun :

— « Mais... où donc est le cœur, où sont les poumons, ces inconfortabilités nécessaires dont la nature nous a si maladroitement pourvus ?... » — On voyait des plumes audacieuses, des échafaudages monstrueux, des fleurs *archi-composée*, dont l'aspect sillonne de rides le front du botaniste, se balancer au-dessus des têtes *juste-milieu*, et faire arriver à la stature de tambour-major la maigre femmelette qu'écrasait une telle construction. La robe blanche, la ceinture azurée, la petite capote modeste, ne pouvaient effacer les cinquante années, gravées en lettres indélébiles, sur le front d'une ingénue du siècle passé; et l'afféterie, la folle passion des femmes pour la toilette se déployaient là, dans leur étendue. Toutefois, la grande majorité des dames florentines était vêtue avec goût, et ces rapprochemens de teintes incompatibles, qui blessent les yeux dans l'Italie méridionale, n'ont point aujourd'hui choqué mes regards.

Sous les berceaux de chênes verts, dans les chemins ombreux du jardin Boboli, tandis que tout, au-dehors, était brûlé par le soleil; une masse d'hommes en frac, de femmes parées, de petits abbés sémillans, circulait dans ces lieux qu'on eût dit enchantés. Le grand-duc et sa femme, familièrement, sans suite, parcouraient l'allée à la mode, saluant à droite, à gauche; recevant avec bonhomie l'expression de la bienveillance générale. Une longue bordure de femmes assises achevait de rendre ce tableau charmant, et nous nous oubliâmes trois heures, à le considérer.

Vers le soir, les cascini se peuplèrent; les voitures, resserrées dans la route du centre, demeuraient presque stationnaires, pendant qu'une foule d'hommes à cheval faisaient caracoler leurs montures auprès des phaétons, des calèches découvertes, qui laissaient entrevoir un vaste parterre de marabouts, de blondes et de rubans.

Ici, un nègre habillé d'étoffe rouge, coiffé d'un turban enrichi de pierreries, montrait sa tête noire et hideuse au-dessus des traits non moins difformes de quelque vieille marquise douairière. Là, un chasseur, nez en l'air, moustaches retroussées, relevait dédaigneusement la lèvre en jetant un coup-d'œil méprisant sur les gens à pieds qui remplissaient les allées latérales. Un cavalier, courant ventre à terre, au risque de blesser et lui et les autres, lançait à la hâte un bouquet mystérieux dans la portière dont la glace se refermait aussitôt. La main, placée sur le rebord d'un landau, quelque autre, modérant l'allure de son coursier et le sourire du bonheur sur les lèvres, suivait pas à pas la marche lente des équipages.....

Dans le bois qui termine la promenade, des tables dressées réunissaient des familles entières. On voyait le père, sa digne moitié, leurs enfans, attaquer tour-à-tour et la viande salée, dont les tranches rouges s'accumulaient au milieu de la verdure, et les gauffres, disposés en pyramides légères, et la salade fraîche, et le sorbet glacé qu'une aussi chaude soirée rendait indispensables. Au plus épais du taillis, une femme et un jeune homme, regardaient inquiets, autour d'eux ; puis se parlaient de bien près, regardaient encore, et ne mangeaient guère! Egayée par quelque farceur en chef, une société nombreuse faisait retentir avec le bruit des fourchettes celui de joyeux éclats de rire. Une douzaine de petits garçons, fiers d'être abandonnés à eux-mêmes, interpellant l'hôte et sa femme, singeant les grands airs du frère aîné ou du cousin, qui sert dans la garde du duc, ordonnaient d'une voix tremblante de joie, et payaient tout au double. Les moindres recoins des cascini cachaient un épisode nouveau, et la nuit seule nous a chassés de cet endroit.

Florence, 28 avril 1834.

Pour achever la journée d'hier aussi paresseusement que nous l'avions commencée, nous fûmes le soir au *Cocomero*. On y donnait *Mad. de St^e.-Agnès*, vaudeville de l'inévitable Scribe, puis une comédie de Goldoni. — Voir accommoder ces jolis mots dont le jeu, dont la voix, dont la figure des acteurs font le prix, aux accens criards, aux gestes forcenés, à la *décontenance* italienne, était une plaisante chose. Les intentions délicates de l'auteur, cette sensibilité parfumée, ces minuties du cœur, habillées d'un style élégant; en un mot, tout ce qui communique du charme aux ouvrages de Scribe se trouvait anéanti. D'un soupir à peine articulé, on faisait un cri à rompre la tête; d'une émotion légère, un trouble affreux; la colère était de la brutalité; l'amour de la frénésie; l'indifférence, de l'impolitesse; on eût dit le vaudeville joué sous une loupe grossissante; et jamais feuilleton malin n'en fit si sanglante critique.

Bien qu'elle eût cinq actes et trois heures de durée, la comédie de Goldoni me tint constamment attentive. Autant la vivacité italienne des acteurs m'avait choquée dans la pièce précédente, autant elle me ravit dans celle-ci. Cette œuvre était plutôt une galerie de tableaux qu'une comédie en règle; il n'y avait point là d'action principale; une suite de scènes représentant le carnaval de Venise formait la pièce et le développement admirable des caractères, cette bonne gaîté d'autrefois qu'on rencontre dans Molière, excitaient seuls l'intérêt.

Le soir.

Les rues de Florence me plaisent. Toujours nettes, toujours libres, bordées de magasins brillans, elles m'inspireraient l'oisiveté si cette dernière ne faisait depuis long-temps partie de moi-même. On retrouve ici ces créations futiles, dont on regrettait l'absence dans le midi de l'Italie. On peut, sans froncer le sourcil, jeter quelques regards sur les œuvres de la modiste; on peut s'oublier dans la boutique d'un marchand de nouveautés, dans la boutique d'un sculpteur de marbre, ou d'albâtre ; et c'est là que je viens de perdre des momens délicieux !

Est-il plaisir comparable à celui d'acheter de jolis riens ?.. On revoit en imagination son boudoir, ses livres, son fauteuil, sa place favorite : ici l'on place cette corbeille blanche délicatement travaillée à jour ; là, cette coupe de forme antique ; plus loin, ce globe transparent, qui affaiblit la lumière des flambeaux, et leur prête une pâleur semblable à celle de la lune. Sur cette table, une statue, copie exacte de celle que vous avez souvent admirée, évoque le souvenir de cette Italie que l'éloignement fait resplendir. On meuble, on arrange, on se croit de retour, et cet instant d'illusion, cette visite au pays, tapisse, pour ainsi dire, l'ame de rose !

Florence offre un tel aspect d'ordre, et surtout de *bon ordre*, que muser est un plaisir. A l'extrémité de cette place, le petit marchand pâtissier, avec sa corbeille chargée d'oublies, invite le passant d'une voix séduisante. Rangées contre les murs de ce bâtiment, des boutiques en bois brut fournissent au peuple, et à bas prix, la plupart des étoffes qu'il emploie à se vêtir. Des charettes ombragées d'une tente contiennent, renfermés dans d'étroits compartimens et entourés de glace, ces *acque-gelate*, ces sorbets, ces pezzi-duri, ces sirops frais, que seulement ici on peut voir sans nausées. A chaque détour de la rue, un jardinier à demi-couché sur ses gradins couverts de vases, vend l'œillet panaché, la rose de tous les mois, le lilas, le muguet, l'anémone, l'héliotrope, la violette, et les cent arbustes odoriférans qui étalent près de lui leurs nuances veloutées. De jeunes paysannes, un panier de forme évasée suspendu au bras, vous jettent une poignée des fleurs qu'il contient, avant même que vous ayez eu le tems de repousser leurs dons par un non! bien dur, ou de refuser le sou qu'elles ne vous demandent pas.

On sent son ame, on sent son cœur en paix; l'air même qu'on respire répand le bonheur, tant il est suave; et je comparerais Florence à une montre simple au-dehors mais parfaite dans la manière dont elle règle le temps; tandis que les *autres montres* de l'Italie me paraissent profondément, presque invariablement détraquées.

Florence, 29 *avril* 1834.

Ah! je ne savais pas quelles délices recèlent

les cafés, et je conçois maintenant qu'on puisse y passer la moitié de sa vie!

Heureuses les dames florentines qu'une bienséance mal avisée ne ravit point à ces jouissances orientales!... Heureuses les dames florentines qui peuvent sans craindre le blâme, sans être exposées au persifflage des habitués, dépenser là quelques heures, absorber le Mocka dont l'odeur stimule les facultés, endort la souffrance!

Heureuses les dames florentines! Elles savourent le sorbet qui repose artistement coloré dans le vase de cristal; elles promènent leurs yeux sur la foule des figures étrangères, puis elles détruisent quelques-uns de ces momens de vide où l'ame est en détresse, et dont on n'a pas même la volonté d'annuler l'influence par un effort violent.

En vérité, si les hommes qu'une vie extérieure, que des travaux accumulés et sérieux, que les cent intérêts du dehors, doivent arracher à tout dégoût de soi-même, à tout découragement de la vie; si les hommes éprouvent le besoin de chercher là une distraction facile, pourquoi les femmes seraient-elles privées de ce soulagement, elles, qu'une existence uniforme, qu'un cercle d'occupation fort restreint, qu'une solitude presque habituelle, qu'une espèce d'instinct entraînent à la rêverie; elles, qu'une imagination brûlante porte à l'exaltation; elles, que les mouvemens d'un cœur trop facile à émouvoir plongent fréquemment dans une tristesse infinie, tristesse mystérieuse par ses effets comme par ses causes; elles, qu'une ame faible et prompte à s'alarmer entoure d'apréhensions, entoure de douleurs fictives, dont l'amertume égale celle des vraies douleurs?... Pourquoi?... je ne sais... et lors même que je le saurais, je le tairais, peut-être crainte de gâter ma cause.

Escortées par M. D***, nous entrâmes hier au soir au café. La clarté que projetaient les girandoles garnies de bougies, l'élégance de l'ameublement, la société qui se renouvelait sans cesse, l'agrément d'une mondanité dénuée de fatigue m'enchantaient.

Retirée vers l'angle d'une petite table, des fleurs, de l'eau glacée, un sorbet placés devant moi et ne connaissant personne, je cherchais à deviner chacun, découvrant le peintre, sous cette abondante barbe qui laisse à peine discerner les traits du visage; le *Sigisbeo* dans cet homme de haute taille, dont les doigts sont ornés d'anneaux, dont le teint est rose pâle et l'aspect efféminé, malgré la toison noire qui recouvre sa figure; l'être malheureux dans celui qui s'avance la bouche crispée, le front creusé de rides, s'assied sans que la plus légère curiosité se peigne dans ses yeux dont on dirait presque les regards fixés au-dedans sur quelque mal profond, puis ne demande rien, ne reçoit rien, et, après un moment d'immobilité complète, sort silencieux sans s'être aperçu qu'il était entré; l'indifférent ou l'égoïste, — car, vu notre nature aimante, de l'insensibilité pour les autres naît inévitablement la tendresse pour soi-même; — l'égoïste, dans cet homme qu'on dirait au premier abord tourmenté par quelque chagrin secret, et que le déplaisir de n'être pas servi à l'instant, l'ennui de se sentir effleuré par deux coudes voisins, l'ouïe des offres répétées du jardinier, rien, moins que rien a froissé de la sorte; le bon vivant, dans le petit être jovial que son ventre semi-circulaire sépare de la table chargée de friandises; l'homme sans tact, dans le personnage qui fait claquer ses doigts, lance un regard de vanité satisfaite sur les glaces qui réfléchissent sa sotte figure, connaît, interpelle, accoste chacun; fredonne, en battant la mesure à faux, les beaux airs de la *Norma*; dit le sirop mauvais, les sorbets détestables, s'attaque au garçon, s'attaque au maître, chasse tout le monde à coups de paroles, et court chez quelque autre cafetier mettre les chalands en fuite.

Florence, 30 *avril* 1834.

Le palais Pitti est une imposante demeure royale. Dépourvue d'ornemens extérieurs, présentant à l'œil une masse hérissée de blocs énormes, il semble avoir été construit pour ne jamais périr, et les siècles qui creusent, qui rompent quelques-unes de ses pointes formidables, témoignent de sa solidité, en le montrant, jusque dans le vif, inébranlable ainsi qu'un rocher, supérieur au temps qui exerce en vain sa lime sur ses murs. Enumérer les richesses de sa galerie serait à la fois au-dessus de ma patience et de mes forces. La Vénus, de Canova, si modeste, a réalisé pour moi un idéal de beauté féminine que jusque-là n'avait atteint aucune de ses sœurs. Son attitude, le naturel de la draperie qu'elle retient; l'expression qui anime ses traits, l'abandon de sa chevelure, ses craintes si vraies qu'on dirait la voir rougir, tandis que les autres, surprises comme elle au sortir du bain, semblent *poser* et non pas se voiler ; tout en elle est pur ! C'est bien là une femme ; c'est bien là le charme indicible que répand autour d'elle la pudeur, et son aspect m'a fait éprouver les mêmes sensations que la vue d'un bouton de rose, frais, vermeil, presque entièrement enveloppé de son calice, pendant que les autres Vénus, roses épanouies, m'arrachent plutôt un soupir qu'une exclamation de plaisir.

Après une heure employée à contempler la statue, une séance au musée d'anatomie était *moralement* placée. — Rien de salutaire, comme de voir représentés, avec une exactitude parfaite, les détails hideux cachés par ces formes élégantes, qui fascinent à la fois nos regards et notre pensée. Rien qui écrase l'orgueil comme l'examen de ces nerfs, de ces muscles, de ces artères, dont les moindres en se déplaçant peuvent changer le cours de notre vie, dissiper nos plans, éteindre nos facultés, torturer notre ame, ou remplacer par une paix séculaire, l'agitation, les joies, les peines inhérentes à notre existence ! Rien qui console mieux, rien qui cause une plus douce impression de bonheur, que d'apprendre avec quelle sollicitude paternelle Dieu a perfectionné sa créature, a pourvu à ses désirs; et jamais je ne fus si sereine, je dirais presque si gaie, qu'au sortir de ces salles remplies d'ossemens, de chairs, de lambeaux sanglants, admirablement imités.

Florence, 1er mai 1834.

S'il est peu de jouissances comparables à celles que procure un bel opéra joué avec ame, il est peu de tourmens pareils à ceux qu'inflige cette même œuvre rendue avec froideur, ou, qui pis est, avec une chaleur simulée! — Nous envisageons la musique qui nous a plu, les phrases de chant qui nous ont attendri, les harmonies qui nous secoué fortement, comme une sorte de propriété; ils sont devenus *nôtres* en touchant à nos pensées, en s'infiltrant dans notre cœur, en se mettant à l'unisson des sentimens qu'ils ont exaltés et nous éprouvons à les entendre une vive émotion. Mais si quelque pitoyable traducteur de ces morceaux favoris vient les décolorer devant nous; s'il s'empare de ces mélodies qui excitent notre enthousiasme, pour en effacer et notes sensibles et notes passionnées; s'il étend sa froideur sur l'œuvre chaleureuse, s'il plie à sa médiocrité l'œuvre gigantesque, s'il retranche là où le délire de la fureur, celui du désespoir, lui sont impossibles à concevoir, à exprimer; s'il ajoute là où la simplicité, presque le silence, est seul vrai, par fois sublime; s'il entre, pour ainsi dire, sur nos terres, et qu'avec hardiesse il frappe de droite, de gauche, coupant les plus belles fleurs, meurtrissant les plus frais arbustes, souillant tout sur son passage, il nous blesse au cœur et nous inspire de la haine.

Madame Ronzi, dans la *Norma*, m'a fait commettre hier un péché par note. *Affectation, affectation,* puis *affectation encore*; voilà ce qui la peindrait en trois mots, mais cela ne peut suffire à mon dépit. Pas un récitatif qui ne ressemblât son pour son, sourire pour sourire, à la pièce de vers qu'au premier jour de l'an les arrière-petits-neveux, dirigés par quelque sot pédagogue, vont en grande pompe offrir à leur vieil oncle! Pas un geste qui ne fût prétentieux, pas une phrase, pas une demi-mesure dite avec vérité!

Dans les momens de passion, un visage foncièrement calme en dépit des grimaces qui le défiguraient; dans les instans de paix, un déluge de notes insignifiantes, une espèce de roucoulement perpétuel, une opiniâtreté dans le faux goût propre à faire pester les saints! — Toujours de l'apprêt, toujours du jeu, jamais de ces élans du cœur qui rompent les entraves de l'afféterie, subjuguent même les renians. Encouragés par son exemple, les acteurs rivalisaient de médiocrité; et si l'autre soir mademoiselle Ungher, Dupré, Cosselli m'avaient paru former une nouvelle école; hier, madame Ronzi avec la troupe qui lui est affidée, m'a semblé soutenir dignement la boursoufflure de nos aïeux. C'était là un hôtel de Rambouillet vocal, et la *Norma*, transformée en *précieuse ridicule* a failli me donner la fièvre!

Je n'oublierai de long-temps cette soirée; je n'oublierai de long-temps les acclamations du parterre, les gémissemens coquets de la cantatrice, ses graces surannées, son petit doigt classiquement arrondi, sa couronne de chêne que de temps à autre elle enfonçait d'un poignet vigoureux, puis qu'elle jeta au nez de sa première prêtresse dans un noble et dernier mouvement dramatique! Il n'est pas besoin de dire combien fut orageuse la nuit qui suivit ces momens, et quels songes malencontreux en troublèrent les courts instans de repos. Une multitude de gnomes, d'êtres infernaux, de corps informes, se rassemblèrent dans le plus fantastique des théâtres, et là, mouchoirs déployés, prunelles aux cieux, mains sur le cœur, se trémoussant auprès d'une prodigieuse *dame-jane*...... qui se trouvait être leur prima donna, ils m'assourdirent sans relâche jusqu'à cinq heures du matin, qu'ils s'envolèrent sur le premier rayon du jour.

CHAPITRE XXXVII.

VOYAGE. — BOLOGNE. — GARNISON AUTRICHIENNE. — FERRARE.

Taglia-Ferro, 2 mai 1834.

Je ne me sentis jamais si mal disposée à voyager! Une promenade faite aux casini hier au soir; quelques momens passés au café, quelques autres employés à parcourir les rues et les places populeuses de la ville; le reste de la soirée consacré à la *Pergola* où mademoiselle Ungher, Dupré, Cosselli chantaient dans la *Parisina*, m'avaient presque dégoûtée de la nature; malgré cela me voici de nouveau fascinée par elle! — La route qu'on m'assurait être laide me paraît charmante; nous sommes environnés de montagnes, de vastes prés, de chênes en fleurs, de fermes, de hameaux, de vergers. Cette belle journée de mai, ces chapelles parées de guirlandes; ces petits temples composés de branches entrelacées; ces jeunes filles un tambour de basque garni de clochettes aux mains, qui courent de villages en villages, chantent les pompes du mois, offrent quelques vœux à la ménagère en échange des productions champêtres qu'elle s'empresse de cacher dans leurs tabliers; tout cela m'enveloppe comme d'un réseau de bonheur!

La cité et ses joies artificielles pour la plupart, sont maintenant bien loin de ma pensée; j'aime à déposer cette légèreté, ce moi factice qu'il est fort difficile de ne pas revêtir au sein d'une mondanité continuelle. J'aime à réfléchir, et non plus à effleurer la vie, ainsi qu'entraîné par la variété des impressions qui s'entrechoquent dans le cœur, on le fait dans les grandes villes. J'aime à retrouver au-dedans de moi une vive admiration pour les beautés simples de la campagne, et le trouble dont je ne puis me défendre à son aspect épure mon âme! Ce sont des images d'enfance, que la vue d'un papillon, que celle d'un petit oiseau qui s'essaie à voler rappellent à notre mémoire. Ce sont les heures rêveuses de notre adolescence, ce sont les riches fantaisies de notre imagination, ce sont des songes scintillans de chimères, c'est notre avenir, c'est notre présent d'alors, que le crépuscule du soir, qu'une promenade sous l'ombre du bois nous rendent lumineux, palpitans de vie! Ce sont, jeunes, les années qui seront; vieux, les ans qui ont été; et à tout âge ce sont des impressions délicieuses!

Ca' Nove, le soir.

Aux paysages rians ont succédé d'âpres solitudes; la route, en s'élevant par dégrés, est parvenue au niveau de la cime des Apennins. On ne voit ici qu'une terre inculte, montueuse, on ne voit que des rocailles, parfois une petite croix noire qui se penche sur la sommité voisine, et des mâts peints en rouge, plantés de distance en distance, afin de guider le voyageur durant les neiges de l'hiver. — Quelques maisons de refuge dont les toits dégradés, dont les murs construits en planches vermoulues, dont les contrevens mal joints inspirent une terreur involontaire; quelques misérables cabanes habitées par de pauvres familles; près d'elles un jardin potager où les cailloux de la montagne disputent l'espace à de grossiers légumes, au fond, de longues allées arides, partagées par le lit d'un torrent; tels sont les détails de ce tableau.

Je suis loin de redouter ces grands spectacles; je chéris cet entourage formé d'éboulemens, de rocs escarpés. Cet horizon immense plaît à mes yeux; la sévérité du paysage, le silence qui règne dans ce désert satisfont à je ne sais quels désirs de paix qui s'émeuvent en moi, et je me sens plus libre, je me sens plus *mienne* dans l'intérieur de ces montagnes. Mais pourrais-je oublier *Pietra-Male*, son volcan? — Pietra-Male se détache romantique sur le ciel; ses maisons sont blanches, jolies; des troupeaux viennent le soir s'abreuver à sa fontaine, des femmes d'une noble taille traversent la rue, l'urne de bronze posée sur leurs abondantes tresses noires; deux ou trois pommiers sauvages, quelques pruniers, forment un bouquet de verdure sur ses toits de briques, et un sentier bordé de haies vertes, s'abaisse peu à peu pour se perdre bientôt entre deux ravins.

C'est par là que, laissant notre voiture et ma tante, je suis descendue pendant un mille. L'air était tiède, pas la moindre brise qui agitât les rameaux des arbustes; je marchais sans fatigue, préoccupée, oubliant jusqu'au but de ma promenade, lorsqu'une lueur blanchâtre, une forte odeur d'esprit-de-vin m'ont arrêtée. Dans une étendue à peu-près carrée, surgissait une multitude de flammes bleues, rouges, vertes, sans cesse variées dans leurs nuances! Point de fumée, point de secousses intérieures; aucune étincelle, aucun bruit souterrain qui indiquât la chaleur qui trahit un véritable volcan; il y avait là quelque chose d'incompréhensible, et mes doigts s'approchaient involontairement des langues de feu afin d'en vérifier l'existence. Combien j'aurais voulu voir en cet endroit, les trois sorcières de Macbeth et leur chaudière!

Nous voici à la *Cà*, (c'est ainsi que les paysans appellent notre gîte.) Ce nom baroque me paraissait de triste augure, souper, coucher de montagne, c'est à dire ni l'un ni l'autre ou peu s'en faut, nous y attendaient. —Du reste; quantité de voyageurs, à côté de mon appartement le plus sot babil; près de moi, deux servantes ébaubies qui restent bras pendans devant une méchante paillasse, et, stupéfaites, se montrent mon écriture avec un murmure d'effroi. Les accens de cinq ivrognes qui ont établi leur quartier-général sous ma fenêtre, les gémissemens de la poule qu'on sacrifie à l'appétit du dernier arrivant, la colère de l'hôtesse, les juremens de son mari m'empêchent de poursuivre; c'est la patience usée, c'est la tête rompue que j'abandonne plume, encre, papier, pour maudire mes voisins, pour chercher quelques instans de sommeil que leurs bruyantes voix me raviront, je le parie..

Bologne, 3 mai 1834.

Nous sommes rentrés dans les états du pape, et vraiment, à contempler la richesse des campagnes, on ne s'en douterait guère! Les buissons de chèvrefeuille, de coronilles, les cythises aux grappes jaunes et odorantes, la rose sauvage, le lilas s'épanouissent sous les rayons du jour. Assises auprès du chemin, quelques femmes tressaient la paille; les cloches du pays résonnaient dans les airs, composant des harmonies d'une ineffable beauté. Nous descendions rapidement, les monts s'ouvraient devant nous, leurs flancs doucement inclinés encadraient quelque partie de la campagne. Ici c'était un pont de bois hardiment jeté, là une hutte sur la rive du torrent que la sécheresse avait fait filet d'eau. On apercevait un château sombre, quelque villa à demi-ruinée au milieu des ifs, des cyprès aux branches lisses et gigantesques. La plaine se déroulait parsemée de bourgs, de clochers; déjà quelques-unes des hauteurs qui cachent Bologne avaient disparu derrière nous, et après une heure nous étions dans la cité.

Les environs, ornés de maisons de plaisance, donnent l'idée d'une plus grande ville que ne le font les abords de Florence. Il y avait dans ces derniers un naturel jusque dans l'art, qu'on regrette à l'aspect des bâtimens réguliers dont ces sommités sont couronnées. Les rues aussi m'ont arraché quelques soupirs! De chaque côté, de vastes arcades soutenues par des colonnes, en interceptant les feux du soleil répandent l'obscurité, et cette première impression ne laisse pas d'être pénible.

Bologne, 4 mai 1884.

La ville s'était animée quand nous sortîmes hier au soir. Les croisées pavoisées d'étoffes rouges, offraient la réunion des plus gracieuses têtes. Dans la grande place, les villageoises le mouchoir de mousseline brodée sur les cheveux, circulaient l'éventail à la main. On rencontrait des tables chargées de confetti, de pâtisseries, de fruits secs; on se précipitait ici, on revenait là, on s'emparait à la hâte des chaises disposées auprès des murs, on se demandait...

« Vient-elle?... est-ce de ce côté?... qui la porte?... qui l'accompagne?... » et je prêtai l'oreille, désireuse de connaître le motif de cette agitation.

Une procession escortée par les régimens que l'Autriche a vomis sur l'Italie, s'avança bientôt; quelques questions nous apprirent que c'était là une fameuse madone peinte par St-Luc, et transférée pour je ne sais quelle raison de l'église du même nom à la cathédrale.

Rien de remarquable dans cette longue suite de prêtres marchant sans gravité, sans ordre, presque sans bienséance. Rien de touchant dans les hommages rendus par quelques campagnards à cette cage dorée qui recouvrait l'image, et ne pouvait leur inspirer qu'un respect basé sur la superstition. Mais tout déchirant dans cette masse d'hommes armés, aux cheveux, aux moustaches jaune-paille, aux visages hébétés, à la démarche raide; tout désolant dans le spectacle de ces troupes, fusils sur l'épaule, sabre au côté, surveillant, inébranlables et dans une obéissance passive qui vaut le courage, la foule muette que deux canons braqués sur elle, que quatre à cinq mille hommes de guerre écrasaient sous leur poids.

L'uniforme blanc se multipliait à l'infini. Ici c'était un caporal le bâton à la main; là c'était l'état major formé de jeunes officiers à tailles minces, à poitrines rembourrées, à teints blancs et roses; plus loin un bataillon se déployait devant le peuple qui regardait, en frémissant de colère. Des patrouilles parcouraient la ville; le bruit des commandemens, du tambour, celui des trompettes, de la musique militaire se faisait entendre, et les Bolonais, la prunelle menaçante, les lèvres contractées, promenant leurs regards sur ces têtes blondes, sur ces schakos ornés de rameaux verts, dévoraient leur honte en silence.

On ne saurait se faire une idée de ce qu'est l'oppression vue face à face!... Il faut avoir considéré ces visages pâles de souffrance morale, pâles de fureur stérile; il faut avoir saisi le frisson qui ébranle leurs traits à l'ouïe des chants, des paroles autrichiennes qui retentissent dans leur ville; il faut avoir remarqué ce peuple désarmé, gémissant sous les démonstrations hautaines de force et de tyrannie; il faut avoir observé le calme solennel du désespoir; il faut avoir surpris des gestes réprimés, des soupirs de rage, pour comprendre une telle situation!

Bologne me semble être une vaste ménagerie, où mugissent, enfermés par d'épais barreaux, des panthères, des léopards, des lions, des tigres aux griffes puissantes, aux dents formidables. Prisonniers, on insulte à leur infortune; le gardien lève sur eux sa baguette, il les montre aux curieux et se rit de leurs efforts. Mais que l'un rompe ses liens, brise les parois, renverse les barrières..., et l'on verra le gardien trembler, les curieux fuir; on verra l'animal hors de lui se venger sur eux tous, et dans leur sang, de sa longue captivité.

J'ai le cœur serré de ceci. Certes, le royaume de Naples, le patrimoine du St-Père, n'offrent pas les résultats d'une si odieuse tyrannie. L'absolutisme exercé par un roi sur ses peuples n'est rien, comparé à l'absolutisme exercé par une nation sur l'autre; le premier blesse, le second tue, pour ainsi dire. Il est difficile de concevoir quels tourmens sont attachés à cette différence de langages, de mœurs, de physionomies; il est difficile de concevoir quels tourmens sont attachés à l'aspect habituel d'hommes étrangers et maîtres, maîtres de votre patrie, maîtres du pays où vous êtes nés, maîtres des lieux qu'une habitation constante, que vos souvenirs, que cet amour inné de l'homme pour la terre qu'il a empreinte de ses premiers pas, lui font beaucoup plus précieuse que la vie! — L'impossibilité d'obéir aux mouvemens de son ame, de donner jour à sa pensée, le sentiment d'une existence qui se perd inutile, malheureuse, la certitude d'être espionné jusqu'au sein de sa famille; les espérances sans cesse renversées; les inquiétudes, les angoisses compagnes de chaque heure; ce tableau glace d'épouvante présenté de loin, mais examiné de près, il fait rougir d'indignation.

Cependant, il y a ici des hommes assez faibles pour s'enrôler sous les drapeaux de l'empereur; il y a des femmes assez légères pour choisir un soutien, un guide parmi les esclaves d'un pouvoir qui maîtrise leur ville, qui bannit, qui emprisonne, qui fait assassiner leurs compatriotes. La politique du prince de*** a si bien réussi, que déjà l'on compte cinq dames bolonaises mariées à des officiers hongrois ou autrichiens; plusieurs jeunes gens sont volontaires dans ces régimens du nord, et l'ensemble de ce qui, en France, serait *perruque*, ou *juste-milieu*, les préfère hautement aux *papalins*.

Hélas! il faut en convenir, l'ouïe de quelques mots d'amour prononcés avec émotion, la vue d'une tournure élégante, d'un œil tendre, d'un visage agréable, l'emportent chez les femmes sur les plus pures affections. La patrie n'est fort souvent pour elles qu'un mot propre à produire sensation dans un entretien de boudoir; dans quelque assaut de beaux sentimens *parlés*, et le pays qu'elles préfèrent à tout autre, c'est celui où, pour la première fois, un homme a pâli, un homme s'est troublé près d'elles.

Un peu d'or, le bien-être, en un mot, ce qui chatouille agréablement l'égoïsme, étouffe chez l'homme d'un âge mûr les murmures que l'injustice, que des intérêts grièvement offensés font naître dans le cœur. Chez les jeunes gens, la légèreté d'ame, l'uniforme qui étincelle, les grades qui bruissent flatteusement à l'oreille, dissipent ces projets, ces volontés, qu'un court instant de succès faisait immuables : ici comme ailleurs, la puissance est un talisman qui détruit les haines, qui assouplit les caractères, et s'assure irrévocablement le grand nombre.

Le soir.

Voici une journée consciencieusement remplie. La chaleur était extrême; maintenant encore que dix heures sonnent, l'atmosphère n'est pas rafraîchie, et l'on se croirait à midi, moins le soleil. En dépit de la poussière, j'ai visité l'église de Saint-Luc, l'académie, le Camposanto, les *montagnoles*, quelques temples, et le souvenir seul de ces courses m'accable.

La cité de Bologne, ses innombrables tours, la *Garisenda* déjetée, celle *Degli azinelli* effrayante, ainsi qu'un mauvais rêve, les plaines riches de verdure qui atteignent aux bornes de l'horizon, de hautes montagnes dans le lointain, les *casini* des seigneurs bolonais, tout cela est d'une étonnante splendeur. Le Camposanto, quoique établissement presque inutile et de mauvais goût, car là rien n'est marbre, mais jusqu'aux colonnes, jusqu'aux mausolées se trouvent composés de plâtre ou de *scagliola;* le Camposanto n'en demeure pas moins un monument curieux, et l'académie contient d'inestimables morceaux de peinture. Mais ce que chacun admire m'importune; les exclamations du cicerone, l'enthousiasme de mes compagnons de voyage m'écrasent. Involontairement, je suis poussée à sentir le contraire de ce que les autres expriment; leurs paroles fanatiques tombent glacées sur mon cœur, et si je ne voyais pas fort clair, je croirais être un de ces malheureux aveugles auquel s'adresse quelque étranger bavard pour lui parler de nature, de scènes champêtres, de vastes forêts, d'effets de perspective, qui termine en lui demandant son avis, et s'étonne que l'infortuné tarde à lui répondre ou réponde vaguement.

Florence et Bologne ne se ressemblent guère. Dans l'une, aisance, bon ordre, gaîté; dans l'autre, mendicité, mécontentement sourd, calme forcé, plus terrible que l'orage. Dans l'une, science, beaux-arts encouragés ; dans l'autre, science, beaux-arts éteints ou tendant à s'éteindre, sous l'influence des nullités autrichiennes. Dans l'une, lumières, liberté d'en acquérir, nouvelles politiques, nouvelles littéraires, gazettes, revues à foison ; dans l'autre, ténèbres épaisses, ignorance absolue de ce qui se passe au-dehors; ignorance absolue de qui se passe au-dedans ; la totalité des lectures propres à augmenter l'amour de la patrie, à réveiller les idées, à leur donner un corps, de la force, interdite ; la Bible, le Dante, les œuvres d'Alfieri, les républiques italiennes de M. de Sismondi, Ugo Foscolo, les Mémoires de Silvio Pellico, d'autres ouvrages distingués, et ce qui vient de France, défendus, sous peine d'encourir des châtimens sévères.

En examinant ces baïonnettes, prêtes à se

croiser sur les poitrines italiennes au premier soulèvement; en comptant ces hommes impassibles, poids de fer sur le pays; inébranlables, parce qu'ils sont *choses* et non pas *êtres*; en voyant cette garnison sous les armes, cette force supérieure, habituellement déployée, on perd l'espérance ; elle s'efface devant une réalité qu'il faut nécessairement reconnaître. A moins d'une grande secousse, à moins d'un bouleversement général, l'Italie restera esclave. Il faut une mine qui saute à l'improviste, il faut un tremblement de terre politique pour ébranler cette puissance qui, à pas lents, mais à pas sûrs, chemine, occupe un territoire, doucement, patelinement, à la manière de Tartufe; puis s'établit sur les peuples comme la moisissure sur une pièce de bois vermoulue, et ne peut s'enlever qu'en taillant dans le vif.

Vouloir l'Italie libre par elle-même; c'est dire *lève-toi!* à un homme que de graves maladies, que deux ou trois médecins malavisés, que des remèdes violens, ont jeté dans le marasme, et que les directeurs du vaste hôpital où il dépérit avec d'autres ont enchaîné sur un lit de fer. C'est lui dire « *Romps tes liens*, » et devant les pensionnaires de l'établissement, immobiles sur leurs couches, souffreteux, prodigues de paroles, attaque et gardiens, et médecins, et directeurs, blesse les uns, tue les seconds, emprisonne les troisièmes, mets le reste en fuite, renverse les portes de ce cachot déguisé; puis fais-toi libre, et les autres avec toi. » C'est insulter à la misère d'une nation; c'est profaner le sanctuaire de la douleur; c'est, en un mot, se réfugier dans son égoïsme, afin de s'y conserver paresseux et insouciant.

Bologne, 5 mai 1824.

L'université de Bologne, autrefois trône de la science, est devenue son sépulcre.

Depuis 1831, les élèves ont été dispersés, les étrangers sont exclus des leçons publiques, les professeurs se trouvent réduits à instruire en particulier un petit nombre de jeunes gens; et l'université demeure abandonnée. On reste navré à l'aspect de ces corridors, de ces salles solitaires, dont l'air froid vous frappe au sortir d'une température brûlante. De riches collections dans un désordre inconcevable; pas d'étiquette, des cases vides, parce que messieurs les professeurs tels ou tels ne pouvant s'en priver dans les instructions qu'ils donnent aux élèves, en ont fait porter chez eux le contenu; c'est là ce qu'on rencontre. Le gardien désigne, la larme à l'œil, les objets que la poussière n'a pas encore ternis, parle à voix entrecoupée de ces temps bienheureux, où l'émulation était si vive que les femmes elles-mêmes luttaient de savoir, avec les meilleures têtes masculines.

Surpris par la révolution, le professeur qui travaillait à changer l'ancien système de classification s'est vu contraint de quitter cette œuvre. Plusieurs caisses, contenant de précieux morceaux sont encore fermées; les collections qui existaient précédemment se trouvent bouleversées de fond en comble; et de là, un dérangement qui fait mal à voir.

Le grand nombre des fortunes considérables qui rendaient la ville une des plus riches de l'Italie s'est anéanti, par suite de la tentative de 1831; et si les arts qui servent immédiatement aux besoins de première nécessité, subsistent encore, ceux qui touchent à un ordre plus relevé, n'inspirent que l'indifférence, et laissent leurs apôtres mourir de faim.

Le séjour de Bologne me pèse. Je suis lasse de me promener dans ces rues fréquentées seulement par des prêtres, par des soldats du nord, par des femmes et des hommes de la campagne. Je suis lasse de me heurter sans cesse contre un amas de murailles, de colonnes, d'arcades, dont l'ombre factice ne me rafraîchit point. Je suis lasse d'assister à cette agonie d'une cité vivante il y a trois ans ; je crois voir un homme vigoureux, dont les veines ouvertes par quelque main perfide laissent échapper le sang à longs flots ; l'ouïe de ses plaintes qui vont s'affaiblissant, me déchire ; le regarder mourir, sans pouvoir lui porter secours, sans crier *honte* à ceux qui le tuent, me semble une lâcheté, et c'est avec joie que je partirai demain.

Ferrare, 6 mai 1834.

Un bosquet de peupliers d'Italie, dont le feuillage tremble au souffle du zéphir, ombrage la route, à peu près dans toute son étendue. La vigne s'élançant d'un arbre à l'autre se couvre de verdure ; des haies élégamment dessinées bordent les prés ; les nouvelles pousses des plantations de chanvre répandent un parfum aromatique dans l'air; des rizières succèdent de temps en temps aux vergers, de larges fossés partagent les champs; les rayons du soleil qui tombent à-plomb sur les prairies, loin de la dessécher, vivifient la campagne, et de petits équipages à deux roues, le char pesant de la Romagne, traîné par six ou huit bœufs, parcourent le pays.

Près du canal, presque entièrement formé de roseaux, se pressent des maisonnettes dont le toit de chaume ressort noir parmi les feuilles. Des paons, des pigeons, des canards, piquent, s'abattent près d'elles ou glissent sur les eaux. Ces villages sont autant de réduits champêtres au sein desquels il est impossible de ne pas jeter un regard d'envie. On dirait que le bonheur est là, sous cette voûte de rameaux entrelacés, près de la cabane que protège l'ombre de ce grand chêne; sur cette place où aborde le bac couvert de voyageurs, où filent au fuseau les fermières de l'endroit, et ces hameaux groupés au milieu d'un bouquet d'arbres, me paraissent être le théâtre du *Pastor fido*, ou de quelque autre poésie de Guarini.

Mais Ferrare, Ferrare vieille, grise; Ferrare, les ducs d'Est, leur château; le Tasse, son cachot; l'Arioste, son siége, son écritoire; les manuscrits des deux poètes, la cathédrale, les rues auxquelles les habitans seuls manquent; la citadelle, qui retient dans ses murs la garnison étrangère, Ferrare m'a singulièrement intéressée. Elle porte un caractère d'abandon qui frappe dès l'abord. On s'oublie à contempler ses places silencieuses, l'herbe qui croît dans ses rues, ses petites maisons basses, le palais des ducs, flanqué de quatre tours. On se rappelle les malheurs du poète napolitain, on se rappelle la touchante histoire de Parisina, que redit pathétiquement le cicerone, on se rappelle ses amours avec Ugo, fils d'Azzo, son mari; on se rappelle le miroir dans lequel ce dernier, revenant de la chasse, découvrit leur crime; et l'on cherche de l'œil le soupirail qui éclairait le cachot d'Ugo; la haute tour qui renfermait Parisina; le portique, sous lequel on enterra les têtes de vingt-cinq nobles qui vinrent, malgré la défense du duc, implorer la grace des coupables.

La façade brune de l'église de Saint-Georges, ses découpures, ses pointes gothiques, me plaisent. Une grande fonction se célébrait aujourd'hui dans son intérieur. L'archevêque, expiré depuis trois jours, revêtu d'habits somptueux, la croix dans les mains, environné de cierges dont la lueur rouge projetait quelques nuances colorées sur ses joues pâles, était exposé sur un catafalque. L'église tendue de noir, le chant lugubre des prêtres, la grande voix de l'orgue ajoutaient à la solennité de ce moment.

Je n'avais jamais considéré de près un cadavre, et bien que celui-ci fût comme enseveli sous les pompes de la vie, ces traits étirés, ces prunelles qui brillaient immobiles sous le feu des cierges; la foule de visages niaisement curieux, craintifs ou distraits, qui s'accumulaient vers cette dépouille humaine, produisirent sur moi une impression profonde. Je remarquais le tremblement imperceptible de quelques vieillards, le calme plein de foi qui étincelait dans la physionomie de quelques autres, et la bouche béante des paysans qui s'entassaient là pour savoir comment est fait un archevêque mort. J'observais le sourire moqueur dont essayait de se voiler l'effroi des incrédules; j'observais l'étonnement des jeunes gens, sa courte durée, la gravité des hommes faits, les larmes de quelques femmes en deuil et la coquetterie des autres.

La vue de ce corps, qui avait supporté les angoisses de la dernière heure; la vue de ces lèvres, sur lesquelles avait passé le dernier souffle, la vue de ces yeux qui s'étaient obscurcis, puis éteints; la vue de cette enveloppe traînée pendant quatre-vingts ans sur la terre, au travers de ses douleurs et de ses joies, était une vue sérieuse, une vue propre à faire penser.... à faire prier surtout; et cette première rencontre avec la mort, a répandu sur le reste de ma journée un reflet livide.

CHAPITRE XXXVIII.

VENISE. — LE SOIR. — PALAIS DES DOGES. — CICERONE.

Venise, 5 mai 1884.

Sublime! voilà ce qu'il faudrait écrire en tête de ces lignes; voilà ce qui répondra aux cent questions du retour, voilà ce qui suffirait à décrire la cité, à décrire les impressions qu'elle fait naître! Comment me borner à une aussi courte analyse?

Trois heures, passées à côtoyer la Brenta, m'ont dès ce matin préparée à jouir. Un large canal s'étendait près de nous; des prairies, des huttes en chaume, d'élégans casini entremêlés d'arbres verts se reflétaient dans ses eaux; des barques chargées de foin, glissaient lentement entre les saules pleureurs; des troupes de canards s'avançaient dans l'onde, suivis d'une nouvelle couvée qui s'essayait à nager, puis remontait sur le bord, secouait au soleil son duvet doré, pour s'abandonner encore aux flots qui l'entraînaient doucement. De petites maisons blanches, des villages ravissans de propreté s'élevaient de chaque côté. L'herbe coupée la veille, et couchée en sillons dans les prés exhalait un parfum suave; le chant des postillons qui galoppaient sur la chaussée égayait les alentours; tout était champêtre, délicieux..... Eh bien, tout cela n'était rien en comparaison de Venise! Les souvenirs, la poésie y abondent; en elle rien de vulgaire, rien même d'ordinaire; pour la peindre il faudrait des mots, il faudrait des sons à part et je n'ai que mon ame.... qui, certes, n'est pas une ame à part.

Nous nous sommes embarqués à Mestre. Un chemin d'eau, encaissé par deux talus de gazon formait le canal. De temps à autre paraissait une de ces gondoles noires, allongées, véritables corbillards qu'on dirait recéler quelque mystère. Plus loin un bateau transportait à grand'peine du bétail; deux ou trois paysannes, les pesantes boucles d'or aux oreilles, les fleurs odorantes dans leurs cheveux bruns, folâtraient sur quelque autre; les canaux se croisaient, les talus devenaient fortifications, et près de la guérite, placée au sein de la verdure, se promenait à pas égaux la sentinelle allemande.

« *O hé!* » criaient les gondoliers à chaque détours. « *O hé!* » Puis un fragment de barcarolle, puis un éclat de rire, quelques mots jetés au marinier de la nacelle voisine, et silence, silence absolu, qu'un vague bruit de cloches rendait plus grave. Assise au fond du berceau de la barque de poste, m'efforçant à deviner des tours, des clochers, des palais sous la fumée qui se déroulait à l'horizon, j'étais émue; si je l'avais osé, j'aurais pleuré. Mais dans notre monde, tel qu'il est, sentir est une duperie; le laisser voir est un ridicule, tous les deux sont hors de mode, et je me contins.

Cependant, le canal s'élargissait; un vent

plus vif agitait notre pavillon; des pieux rangés en file laissaient voir au-dessus des flots leurs têtes vermoulues; la mer, la mer que depuis si long-temps je n'avais contemplée, la mer se montrait à moi! Au loin, j'apercevais des vaisseaux, j'apercevais les Alpes d'un bleu si pur, qu'à peine elles se détachaient du ciel; en face, dominant les eaux, sombre, immense; *Venise!* la Venise de la république, la Venise des doges, la Venise des *trente*...... Maintenant, la Venise de l'Autriche!

Rien ne saurait se comparer à la splendeur de cet aspect, parce que rien n'y ressemble! L'imagination reste écrasée, car dans ses plus brillantes fantaisies, elle ne s'est point élevée si haut! L'idée d'une ville posée sur des vagues est gigantesque, l'exécution attendrit comme le fait toute réalisation du sublime. Une symphonie de Beethoven, la mer, madame Malibran dans la *Norma*, Venise et ses lagunes, causes bien différentes, m'arrachent les mêmes larmes.

Un quart d'heure, et nous touchions aux murs de la ville, et nous voyions ses canaux se diviser, bordés de vieilles habitations. Des palais aux grillages découpés comme une broderie, aux fenêtres en ogives, aux colonnettes délicates, se baignaient dans les flots; tandis qu'une gondole était amarrée près de leurs portes massives; une foule d'embarcations couvraient l'eau verte : pas un cri, pas une voix; les Vénitiens semblaient respecter la dernière heure de cette ex-reine des mers! Mes regards passaient de la nacelle qui nous effleurait fugitive, à l'antique demeure qui se mirait, sévère et dégradée, dans l'onde que notre gondole faisait plisser sous elle; ils s'égaraient dans la voûte bleue du ciel, puis revenaient s'oublier sur le pont de Rialto, pendant que, à force de rames, les bateliers nous faisaient marcher rapidement.

Le crépuscule du soir peuple le canal; on va respirer dans les lagunes; le bruit des rames, le cri des bateliers, le babil des marins qu'on entend faiblement sur la rive opposée, rompent seuls ce silence qui effraie presque, au sortir des villes de la terre; et je vais, moi aussi, jouir de cette paix, de ce premier jour à Venise!

Le soir.

Je descends de ma gondole ! le ciel obscur est jonché d'étoiles; les canaux sont ténébreux; les flambeaux qui brillent dans l'intérieur de quelques palais laissent cheoir leurs feux dans les eaux ainsi que des colonnes flamboyantes; l'arche des ponts sous lesquels on s'enfonce, les défilés étroits sur terre ferme, se succèdent... On prête l'oreille, et de loin, apporté par la brise, quelque chant cadencé, vient errer dans l'atmosphère. On aspire avec délices un air que le mouvement de la barque renouvelle ; on se dit : *je suis à Venise* ! Ces mots, le balancement de la nacelle, les souvenirs qui accourent ou s'enfuient, bercent la pensée, puis l'endorment.

En effet, je suis à Venise, et la place de St-Marc, dont je reviens à l'instant me le dit, plus fort que le reste. Arrivée là, par un inextricable labyrinthe de ruelles, je n'ai pu retenir une exclamation ! Eh ! comment ne pas s'écrier devant ce carré long, environné de palais splendides; devant ce carré long, terminé par un temple qui semble *fantastique*, tant son architecture est bizarre, tant on reste frappé de stupéfaction à la vue de ces pavillons, de ces dômes ovales, de ces boules, de ces croix, de ces aiguilles sveltes, de ce travail à jour qui se ferait dentelle s'il n'était pierre !

Le palais des doges avec ses trèfles, avec ses pérystiles, avec ses balcons, avec ses galeries, les colonnes plantées çà et là, le lion ailé, l'horizon rouge comme une flamme ; le pont des soupirs dont une extrémité aboutit à la riche habitation du doge, l'autre aux murs noircis d'une prison d'état, étonnent et charment à la fois !

Ce soir on réunissait à la hâte des siéges sur les quais, auprès des théâtres en plein air. Les tentes se prolongeaient jusqu'au milieu de la rue, et, assises sous leur ombre, de nombreuses Vénitiennes, le peigne à jour placé dans leurs cheveux frisés, le châle d'étoffe claire jeté sur leurs épaules nues, prenaient des sorbets et répondaient par quelque joyeuse répartie au mot du batelier. Une multitude bigarrée se pressait sur la place au bord de la mer, car malgré sa déchéance il y a *foule* à Venise.....

La Tyrolienne et son chapeau de castor à plumes noires; la femme du peuple et son voile léger voltigeant autour de ses joues colorées ; le gondolier et ses habits minces serrés à la taille; le Turc et son riche vêtement; le Grec, sa calotte rouge, ses pantalons flottans et noirs; la noble vénitienne, son front majestueux, l'élégance de sa parure ; tout m'émerveillait !

J'étais surprise du luxe, de la variété des couleurs, opposés à la teinte lugubre des monumens. Cette gaîté, ces chants, ces rires devant leur tristesse, (car ces murs dégradés sont un reproche à la joie générale,) me paraissaient presque de la folie! Le peuple écoutait avec plaisir la musique militaire dont les accens guerriers resonnaient dans la place ; nul ne semblait se douter que ce fût là une amère dérision. Une main légère faisait murmurer la guitare ; la voix de quelque jeune fille s'essayait plus loin, mêlée aux sons tremblottans du violon que portait un vieillard, et l'on ne rencontrait qu'animation, que joie, que bonheur! Cependant c'était l'anniversaire du jour où, dans les années de sa gloire, Venise s'émouvait tout entière. C'était l'anniversaire du jour où le doge, monté sur le Bucentaure, laissait tomber son anneau dans le sein de l'Adriatique. J'aurais voulu la population vénitienne plus sérieuse; j'aurais voulu quelques sourcils froncés, quelques regards haineux..... et je n'ai vu que blonds allemands tenant au bras de brunes vénitiennes; je n'ai vu que caporaux, la canne à la main, fraternisant avec les jeunes hommes dont ils assujétissent la patrie; je n'ai entendu qu'accens du nord amoureusement confondus aux accens du midi. Mes yeux se sont reportés sur les canaux, sur les habitations abandonnées, l'on eût dit qu'eux seuls pleuraient la ville mourante.

Venise, 9 mai 1834.

Dès ce matin, lorsque le canal envoyait au-dehors une fraîcheur délicieuse; lorsque les toits, lorsque les cheminées se doraient aux rayons du soleil, et que, sous mes fenêtres, je voyais fuir des barques chargées de légumes, de fleurs, et des bateaux remplis de blé, de sacs de nattes, je me suis dirigée vers la place de St-Marc. Ses quatre chevaux de bronze frappés par les feux du jour jetaient un éclat verdâtre; sous les arcades, le marchand ouvrait sa boutique. Les coquilles nacrées, les écharpes, la bayadère, la perle de verre doré, les épingles ornées de boules étincelantes, se dessinaient piquées dans le velours ou suspendues en festons. De précieux travaux en bijouterie étaient étalés derrière les glaces, des étoffes variées de teintes se balançaient à quelques pas. Le pâtissier, son panier plein de gâteaux fumans encore, errait insouciant et sûr de son débit; les garçons de café rangeaient les chaises, préparaient les tables, apportaient la tasse parfumée au chaland matineux. Les pêcheurs abordaient en troupes nombreuses tenant au bras leurs seaux brillans de sardines, et portant sur la tête une corbeille où frétillaient encore des poissons énormes. Le gondolier faisait la toilette de son bateau, la brosse se promenait sur le vernis; l'eau roulait sur ses bords. Chacun travaillait : pas un oisif ni sur le port, ni dans la place, et le soldat autrichien, quelque employé subalterne, restaient seuls immobiles ou paresseusement étendus sur un banc.

Nous sommes entrés dans le palais ducal! L'ame est saisie de crainte, de respect, à la vue de cette cour obscure, de ces escaliers habilement sculptés, de ces statues, de ces colonnes, de ces vestiges d'une grandeur déchue, qui surpassent la pompe des grandeurs actuelles! J'ai parcouru ces salles immenses tapissées de tableaux représentant les hauts faits d'armes des doges ; j'ai considéré leurs portraits ; j'ai lu les mots terribles qui remplacent sur un drapeau noir celui de Marino Faliero; j'ai pénétré dans le repaire de ces *trois* puissances mystérieuses qui tyrannisaient à la fois la république et son tyran ; j'ai plongé la main dans cette ouverture où se précipitaient, cruelles et sûres dans leurs coups, les dénonciations qui arrachaient un homme à la liberté pour l'ensevelir dans les prisons les plus secrètes. J'ai marché sur la place où Marino Faliero fut décapité à l'insçu du peuple de Venise; je suis descendue à la lueur des torches dans ces antres infects au fond desquels gémissaient des malheureux privés d'air et de lumière, tandis que sur leurs têtes, séparés d'eux par un mur, le doge, ses favoris, les nobles, les cavaliers, les dames, se réjouissaient au son des instrumens, et que, négligemment appuyés sur les balcons de marbre, les conviés aux fêtes contemplaient d'un œil indifférent ces flots limpides, ces barques, ce ciel bleu, cette verdure, qu'eux, depuis longues années ne connaissaient plus.

J'ai touché du doigt ce barreau de fer vers lequel on étranglait les victimes dans le calme de la nuit. On m'a montré le bloc de marbre qui recevait le couteau avec une tête adorée peut-être, sans qu'un dernier gémissement pût retourner sur la terre, pût bruire à l'oreille de l'être qui priait, qui espérait encore.....

Après s'être courbé sous la porte, après s'être insinué dans ces espaces humides; après avoir remarqué la pierre qui servait de lit à ces infortunés, le soupirail qui laissait entrer un peu d'air fétide et pas de lumière; on participe en quelque sorte aux souffrances des prisonniers. M'essayant à déchiffrer sur la voûte quelques phrases gravées par eux, j'ai retrouvé celle-ci, citée plusieurs fois, mais qu'il faut épeler soi-même pour la comprendre dans ce qu'elle a de dérisoire.

Di chi mi fido, mi guarda Iddio,
Di chi non mi fido, mi gardero io.

Ces cachots sont comme le dessous de carte, des appartemens splendides, des trophées de cette magnificence de la place, qui éblouit au premier instant; c'est avide de clarté, presque malade, que je suis sortie du lieu où souffrit dix-huit ans le vieillard dalmate, tiré de là par les Français, et qu'un meurtre commis sur la personne de son frère, au moment où ce dernier disait la messe, avait jeté dans ce sépulcre.

Quelques prisonniers sont encore écroués dans le bâtiment que le pont joint au palais ducal. L'un deux chantait un air plaintif, lorsque, penchée vers la fenêtre, je mesurais de l'œil les barreaux épais, que, même debout, ils ne sauraient atteindre. Ces sons qui se répandaient libres au-dehors, pendant que ce pauvre être ne pouvait franchir du regard le grillage qui lui gâtait son ciel, étaient d'une mélancolie profonde!

On n'entre plus dans les plombs, on ne traverse plus le pont des soupirs; on n'arrive pas davantage à la chambre que *Silvio Pellico* occupait dans le bâtiment de briques rouges qui domine la cour du palais; un sourire, un geste négatif, un *non so*, prononcé à voix basse, ont seuls répondu aux questions que j'ai faites sur le poète.

Le soir.

Le soleil était près de se coucher, les curieux s'assemblaient devant l'horloge étincelante, on attendait l'arrivée des mages dorés qui, durant quinze jours de l'année à partir de l'Ascension, sortent au coup de chaque heure par une des portes placées aux côtés de la Vierge, passent gravement, saluent l'enfant Jésus et disparaissent. Nous avons assisté à cette vieille farce, puis nous nous sommes dirigés vers le Campanile.

Vingt minutes s'emploient à monter par un chemin intérieur privé d'air; c'est avec une satisfaction vive qu'on reçoit en haut une bouffée de vent, qu'on rencontre l'étendue azurée, qu'on s'appuie sur la balustrade orientale, que d'un regard on embrasse le port avec ses rares navires, les îles, les églises à fleur d'eau, une mince bande brune qui teint la cité, et l'Adriatique transparente sur laquelle se déploient de blanches voiles que plisse le schirocco! La perspective de la pleine mer après une longue absence remplit le cœur de joie; elle est comme un complément à l'existence; vu de là le temple de St-Marc avec ses dômes en croix, avec ses pavillons, avec ses peintures, me semblait être un ouvrage d'orfèvrerie; l'horloge, un cartel, ou quelque morceau précieux en porcelaine de Sèvres; les gondoles amarrées au port, un assortiment de pantoufles chinoises. Les rues, les canaux s'ouvraient peuplés; les anciennes demeures des nobles, le palais des doges et la dentelle de marbre qui borde l'extrémité supérieure de ses murs ressortaient embellis de sculptures au milieu des habitations plus modestes des simples bourgeois. Les Alpes du Frioul s'apercevaient à demi-voilées par les nuages pourprés qui s'accumulaient à l'occident; et la terre ferme, vaste tache verte, se dessinait au loin, séparée de la ville par un bras de mer!

La position de la cité confond les idées; un vague bruit de voix, la population animée qui se meut dans son intérieur trompent sur son état actuel. L'imagination s'enflamme; elle traverse les siècles, elle fait surgir de leurs tombeaux les nobles, les sénateurs, les doges; du néant, la gloire de Venise; de leur poussière, ses splendeurs; puis elle se complaît dans la beauté de son œuvre! — Après de telles rêveries, une promenade sur le grand canal, une visite à ses palais si riches considérés de haut, si pauvres, si délaissés examinés de près, disperse les illusions, ainsi que le souffle glacé de la bise quelques tisons épars sur le foyer. La vue de ces fenêtres délicatement ornées et que murent deux ou trois planches mal jointes ; la vue de ces poutres grossières qui ferment à toujours un portique entouré de colonnes ; la vue de cette rouille qui ronge des grillages dorés autrefois ; la vue de ces édifices gracieux au-dehors et ruinés au-dedans est une vue essentiellement triste. On s'intéresse à cette ville idéale que les remèdes tuent ; on voudrait peupler ces habitations, on voudrait pousser par centaines les vaisseaux dans son port, on voudrait la faire toute puissante ; l'ame s'use à ces folles pensées ; elle reste épuisée, meurtrie pour ainsi dire ; on se sent désireux de solitude ; et l'on fuit ces Vénitiens qui oublient jusqu'à leur servitude...

Venise, 10 mai 1834.

Si la femme est le plus méchant animal de la création, à coup sûr le cicérone en est le plus sot !

Sa figure, son port, ses paroles déplaisent. Meneur de nullités, se frottant à chacune d'elles, il a nourri la sienne de l'embonpoint de toutes les autres. Immuable dans sa médiocrité, il la communique à qui l'approche ; c'est une nature à part qu'on rencontre à Paris de même qu'à Naples, à Venise, de même qu'à Rome, et qu'au besoin on retrouverait en Chine sans que la distance ou la différence des mœurs y apportassent de changement. Le cicérone, ainsi que l'itinéraire, est un mâcheur de pensées et de jugemens, commode aux esprits paresseux, odieux à l'ame active. C'est un répertoire de faux bruits, de phrases vides; c'est une machine à mots, à dates, à traditions; machine incomplète qui estropie les uns, altère les autres et flétrit les dernières.

L'eau des lagunes répétait l'azur des cieux; devant moi se présentaient cent canaux, cent rues, cent campi* qu'embaumaient les fleurs entassées près de l'image de la Vierge. La ville s'émouvait au son des cloches; dans le port, les barques, les gondoles aux dents de fer se croisaient en divers sens. Le Lido vert prolongeait dans les flots ses ombrages et ses grands arbres. Le pigeon sauvage s'élançait hors des fenêtres gothiques, hors des trous, des arceaux, des réduits que le temps ou la main des hommes ont creusés dans de vieux édifices; l'hirondelle aux ailes découpées tournoyait

* Places.

vers les hautes croix de l'église de Saint-Marc.
Couché sur les coussins noirs de sa gondole, je
voyais fuir quelque heureux étranger, que deux
bateliers aidés par un vent léger faisaient glisser vers la grande mer, tandis qu'esclave de la
coutume, enchaînée au pas d'un imbécille, je
me laissais remorquer d'églises en églises, de
méchans tableaux en tableaux détestables;
écoutant, regardant, notant ; passant des
rayons brûlans du soleil à l'atmosphère glacée des temples, et n'osant, par une secousse
violente m'arracher à cette *domination étrangère* !

Hélas oui ! à Venise, où demeurer oisif et
se rappeller le passé suffisent à féconder la pensée, à Venise, je me suis attelée au cicérone; à
Venise j'ai exécuté une *journée* !.... Mes résolutions les plus arrêtées s'évanouissent devant
cette lourde physionomie du *guide*; elles s'évanouissent à l'ouïe des noms célèbres qu'il jette
au milieu de ses phrases ainsi que le pêcheur
quelques miettes de pain autour du filet. Cette
espèce de sainte-alliance involontaire entre le
valet de place et les misérables qu'il a traînés,
s'élève aussi redoutable que l'autre ; comme
l'autre, elle déclare à la liberté une guerre à
mort, et dans chaque occasion, elle la serre de

près, elle l'enveloppe, elle l'étouffe!.... Je suis à la fois sa victime, sa dupe, puis la mienne. Le souvenir de mes déboires se dissipe, mes scrupules renaissent; Milan me verra plier, gémir encore; et c'est beaucoup si, arrivée à Paris, si, lasse de sentir, et, malgré moi, avide, insatiable encore, je ne me mets point à la poursuite de quelque arsenal, de quelque grenier à blé ou de quelque halle ignorée.....

CHAPITRE XXXIX.

LA PLACE SAINT-MARC. — LE LIDO. — UNE BARCAROLLE. — MURANO. — UNE CONVERSAZIONE. — DERNIERS ADIEUX. — LA TERRE.

Venise, 11 mai 1834.

C'est un lieu de délices que la place de Saint-Marc au crépuscule du soir! Fatigué par les chaleurs de la journée, c'est là qu'on trouve le bien-être; c'est là que les sons de la harpe, que le chœur, que le duo de la *Norma*, que l'ouverture du *Barbier*, qu'un air de la *Parisina* exécutés par cinq ou six musiciens ambulans, viennent distraire votre oreille, vous inspirer de ces demi-rêveries que l'éclat des cieux, ou quelques accords lointains nourrissent seuls.

Qu'on erre presque solitaire devant la façade du temple et ses découpures effleurées par une lueur pâle; que le regard, sur la mer, on s'efforce à discerner une voile blanche dans le port; que, le front élevé, on suive dans sa marche lente la planète verdâtre qui monte derrière la croix de fer, ou que, désireux de lumière, de vie, de joie apparente, on s'établisse sur la petite chaise du café *Florian*, au sein du ruban d'étincelles que forment les arcades illuminées, au centre des conversations frivoles, parmi les promeneurs, les acheteurs, la foule, les impressions, bien que diverses, en restent aussi vives; on les reçoit avec un égal bonheur.

Tout est nouveau, tout est caractéristique dans ce vaste carré long encadré avec une magnificence orientale. Préoccupé, on se dirige vers la Piazetta que la sentinelle, que le pêcheur en retard, traversent sans y demeurer. On s'éloigne de ces deux rangs de palais percés à jour, garnis de glaces, ornés de colonnes et

que les flambeaux du dedans font légers comme un réseau noir sur un fond d'or. On s'enfonce dans les voûtes de St-Marc, et là, caché par la grande ombre que l'ogive jette derrière elle, appuyé contre la porte de bronze que le vieux sacristain a fermée à la première heure de nuit, les cheveux soulevés par le vent du soir dont le souffle a caressé les vagues de la mer, l'oreille attentive au retentissement des cloches qui s'unissent pour composer une voix immense, s'appaisent insensiblement, puis se taisent une à une jusqu'à la dernière, qui laisse quelques instans encore ses notes argentines vibrer dans les airs; on promène ses regards du crocodile de Saint-Théodore au lion ailé de Saint-Marc, on les repose sur les trois mâts et sur leurs piédestaux de bronze que n'a pu détruire la lime des ans; on les envoie à la mer, puis on retourne en arrière par la pensée, on croit découvrir le délateur qui tremble..... se glisse vers le palais, jette un papier menu dans la gueule béante du lion, et s'éloigne pâle, tremblant encore! On croit voir une gondole fendre l'eau qui clapote contre ses parois; elle s'arrête soudain, elle abandonne à l'onde quelque forme allongée, tandis qu'un gémissement sourd coupé par la vague roule-

sur les flots et s'étend vers la plage... On croit descendre dans le souterrain ténébreux ; on entend ces plaintes à demi-formées, ces phrases incohérentes, ce langage de la douleur, incompréhensible à qui n'a point souffert et dont l'ouïe déchire le cœur, beaucoup plus que ne pourraient le faire d'éloquentes paroles. On croit s'avancer sur l'escalier des Géants, on contemple la tête livide, sanglante, de *Marino Faliero*; son corps mutilé, git sur le marbre que souillent de larges taches rouges... Une sueur froide se répand alors sur le front; on jette un coup-d'œil autour de soi; on reconnaît le dix-neuvième siècle aux groupes rieurs qui marchent insoucians; on le reconnaît aux uniformes blancs, immobiles derrière les canons prêts à tonner. Emu, frissonnant encore, on s'établit sous les arcades, dans un lieu bruyant. On considère le marchand qui traverse les corridors, une haute pyramide de fruits confits, un panier d'oranges ou de fleurs aux mains; on écoute les voix harmonieuses des nobles vénitiennes rassemblées près des tables dressées dehors, et l'on s'efforce d'oublier, ainsi que tout à l'heure, on s'efforçait de se souvenir.

Midi.

Le ciel est sans nuages, l'eau du canal presque chaude. Des persiennes baissées, des rideaux fermés ne sauraient me soustraire à cette chaleur qui donne le malaise. C'est à demi-couchée, à demi morte, devrais-je dire, sur mon sopha, que je me rappelle avec ravissement la promenade matinale faite en mer, à l'heure où les mariniers préparaient leurs gondoles.

Après avoir hésité entre tous, après avoir écouté l'un, suivi l'autre, excité des espérances et des regrets, nous nous sommes embarqués. Sur le bateau nous avions fait déployer une tente; ses franges volaient soulevées par l'air que nous partagions; la gondole rasait l'onde, et déjà le vaisseau qu'entrainaient les voiles déroulées, déjà le pont des Soupirs, la façade du palais ducal, le quai parsemé de pêcheurs, fuyaient derrière nous. Les vagues s'arrondissaient; nous dépassions l'église du Rédempteur, ses fleurs, son portique; nous dépassions le jardin public planté d'arbres; nous dépassions le pavillon éclatant de blancheur qui porte sur son dôme l'ange gracieusement incliné, et je n'avais pas encore penché ma tête au dehors, qu'un parfum de roses, de lilas, de sureau, s'est exhalé de l'île verte qui s'élevait près de moi. *Ferma!* ai-je dit, en m'élançant sur le rivage!

Quelques coups de cloche, un moment d'attente, puis un prêtre arménien à la barbe épaisse, à la longue robe noire, est venu nous accueillir.

Accompagnée par le moine, qui autrefois initiait lord Byron dans les mystères de la langue arménienne, j'ai visité la bibliothèque, l'imprimerie, le cabinet de travail, où l'auteur, où le traducteur bienheureux, développe sa pensée, l'envoie au prote; quelques heures après la voit revenir en *caractères moulés*, sans qu'il lui en coûte une peine, un soupir, ni même un sou! J'ai respiré l'odeur suave des arbrisseaux en fleurs renfermés dans la cour, et j'ai compris la promenade quotidienne de lord Byron.

Bien qu'admirateur du poète, le prêtre qui l'avait aidé de ses conseils n'était point fasciné. Il avait assisté au travail de ses idées; il avait vu l'homme de génie combattre, parfois demeurer vaincu, et son amitié pour lui n'allait pas jusqu'à l'engouement.

Poussés par un bon vent nous avons plus tard abordé au Lido. L'Adriatique s'élargissait verte dans les bas-fonds, bleue dans la haute mer jusqu'à l'horizon, dont l'azur pâlissait près de ses couleurs vives. De l'autre côté, séparée d'elle par des berceaux de vignes, Venise étalait la façade de ses palais. Une voile blanche arrondie par la brise fuyait dans les lagunes ; des bourgs, des temples, des jardins sortaient du milieu des eaux ; mais devant..... pleine, libre mer, que rien ne cachait à la vue, pleine, libre mer que pas un récif, que pas un arbre, que pas une hutte de pêcheur, assise sur le roc, ne gâtait, en détruisant ce grand abandon qui la fait belle! L'impression que cette étendue déserte, que ces dunes, que cette sauvage nature ont produite en moi me trouble encore. Marseille, Toulon, Naples même n'offrent pas un tableau si vaste. La trace de l'homme, mille détails mesquins, nous poursuivent encore là, et se mêlant à l'ensemble en diminuent la majesté; mais ici, rien qui rappelle la créature; ici rien que d'incompréhensible comme l'Eternel. La mer, quelques vaisseaux, points noirs sur les flots; le ciel, le sable; voilà, c'est tout! Ce tout est comme un reflet de la puissance infinie, et l'on se voile le visage, on tombe à genoux, on prête l'oreille à cette voix de Dieu, ainsi qu'autrefois, écoutait le prophète sur le mont Sinaï.

Cette scène si large recèle aussi de menues scènes intéressantes. C'est le scarabée noir dont l'écaille reluit au soleil, qui roule avec peine une pelotte d'herbes humides. C'est un coquillage entr'ouvert parmi les débris que l'onde a jetés sur la rive. C'est une ligne d'écume tremblante oubliée par la vague, et que le soleil en la frappant de ses rayons fait scintiller ainsi qu'un faisceau de pierreries. Ce sont les œufs de la raie, liés en grappes, frais, brillans, comme un fruit de la terre. A chaque pas de nouveaux détails arrêtent l'observateur ; depuis la plante marine, qui palpite sous ses doigts, jusqu'aux flots qui l'arrachent aux plaines de l'Adriatique, tout est inexplicable, et des heures, et des journées ne suffiraient point à concevoir la poésie sublime de ce spectacle !

Venise, 12 *mai* 1834.

Je m'étais jointe à la multitude qui se presse le soir, dans la place de Saint-Marc auprès de la musique militaire. J'avais vu près de moi les porteuses d'eau, jeunes filles des environs d'*Udine*, brunes, la taille courte, le jupon ample, le petit chapeau d'homme sur l'oreille, leurs cheveux noirs tressés autour de la tête et retenus par une épingle d'argent, s'approcher trois à trois, balancer légèrement leurs têtes aux accens de la valse du pays; puis sourire, chuchoter à voix basse, considérer d'un œil curieux la grande dame dont la coiffure emplumée, dont les joyaux d'or, dont la figure et les gestes composés pâlissaient à côté des joues roses, des regards scintillans, de l'élégance rustique, de ces trois graces du Frioul. J'avais suivi la Vénitienne du peuple, j'avais surpris ses paroles ardentes, le feu de ses prunelles foncées; j'avais entendu l'air national murmuré à demi-voix; j'avais entendu la cavatine de Figaro chantée au son de la mandoline..... et la nuit s'avançait, l'heure était tardive; de la place illuminée par la lueur des girandoles quelque groupes disparaissaient peu à peu; nous mêmes nous quittions les arcades, et, perdus dans je ne sais quelle petite rue, nous cherchions à oublier le tumulte des paroles confondues au bruit des instrumens, lorsqu'au détour d'un mur, comme nous approchions d'un campo à peine éclairé par la lampe qui brûle entre les fleurs devant la madone, nous nous arrêtâmes saisis par l'harmonie bizarre qui s'échappait de cet endroit.

Douze à treize voix chantaient, promptes, accentuées, ces barcarolles vénitiennes, qu'à Venise on n'entend plus, ou du moins qu'on entend mal. Tour à tour languissans ou animés et toujours justes, ces accens mêlés à des cris du gosier, à des bouffonneries caractéristiques, avaient un charme ineffable. Chaque voix solitaire qui commençait le couplet, chaque chœur léger qui l'accompagnait plus tard, chaque lazzi répété en masse, était ravissant d'*étrangeté*. A l'exception de quelques femmes sur le seuil de leurs portes, à l'exception de quelques têtes brunes se penchant derrière la jalousie, personne ne s'arrêtait là. Les sons s'élevaient cadencés dans le silence de la nuit, le croissant de la lune étincelait seul sur le petit espace du ciel que le campo enfermait dans ses murailles; les rues environnantes étaient ténébreuses, et les gondoliers, attentifs aux paroles de la strophe, lançaient dans les airs leurs notes sonores, puis s'écoutaient eux-mêmes, et de temps à autre frappaient des mains avec transport.

On ne peut retracer l'originalité de cette rencontre par une belle nuit dans la chaude atmosphère d'Italie. C'était la première fois que, sur cette terre musicale, j'entendais les airs mélodieux que nous nous efforçons de redire dans nos salons; je sentais à les trouver là le plaisir indicible qu'éprouve un botaniste à cueillir fleurie, à cueillir sur son terrain natal, au milieu de son feuillage, près de ses compagnes, la plante que si souvent il a examinée sèche et décolorée. Ce ne fut qu'au moment où les mariniers se séparaient en murmurant un fragment du dernier refrain, et lorsque la chanson rompue à l'infini s'enfuyait, emportée par eux pour s'éteindre au loin, dispersée sous la brise, que nous avons abandonné le campo, dont la lampe près de mourir, ne projetait plus qu'une lueur incertaine.

Même jour.

J'arrive de Murano, petite ville bâtie ainsi que Venise sur les lagunes; elle contient de nombreuses fabriques de cristaux et de perles en verre colorié. Il est amusant d'assister aux opérations sans nombre que nécessitent ces petits grains portés avec tant d'indifférence, presque de mépris par nos dames. Ce verre brûlant, rouge, pâteux, roulé en longues baguettes, puis soufflé et modelé en formes élégantes; ce mugissement sourd de la flamme qui dévore; ces vastes fournaises, ces hommes noircis, ce résultat fragile, ont un côté pittoresque. On recueille par boisseaux ces atomes nuancés. L'ouvrier façonne en un instant, un vase, une urne, qu'à les voir vous diriez être l'œuvre de maintes journées; des corbeilles sont remplies de globes étincelans; l'intérieur du four qui vomit des gerbes de flammes, projette une teinte pourprée sur les murs enfumés, puis la promenade sur les lagunes qu'on fait pour y parvenir, le retour; le bleu de la mer, le bleu du ciel, les jouissances paresseuses que procure la gondole, tout est divin.

Un faible zéphir ride les eaux; sur la tête s'étend un pavillon dont les rideaux sont relevés; la pensée qu'à Venise, sur la terre, sur le pavé éblouissant, chacun accablé cherche en vain de l'ombre, se traîne sur les dalles brûlantes, agite avec effort un mouchoir, un éventail: cette pensée forme à elle seule un petit bonheur d'égoïste qui n'est point à dédaigner. La fraîcheur en est plus agréable, le repos en devient plus doux; l'onde en paraît plus limpide, et les arbres de la rive plus verts; on accueille avec ravissement ces sensations refusées à d'autres; la cruauté même de ce plaisir a de l'attrait; on goûte la saveur du péché sans en rencontrer l'amertune, et ce matin seulement j'en ai deviné le prix.

Venise, 13 *mai* 1834.

Après une lettre de recommandation remise, quelques cartes de visites échangées, Mme la comtesse A.... nous fit informer qu'elle recevait chez elle, depuis onze heures du soir jusqu'à deux heures du matin.

Bien que la perspective d'une *conversazione* aussi tardive ne me sourît guère à la fin d'une journée de voyageuse; bien que l'idée de quitter mon peignoir pour revêtir une robe de parure me fît involontairement tressaillir de répugnance, le désir de voir une femme que ses talens, que le culte des étrangers, que ses rapports avec lord Byron ont illustrée, me décidèrent à vaincre la fatigue qui me maîtrisait, et justement alors, qu'aux jours ordinaires je commence mon premier rêve à monter dans la gondole que les mariniers, sommeillant, ainsi que moi, faisaient marcher avec nonchalence.

Les flambeaux scintillaient au travers des fenêtres découpées, l'arc de la lune, les lueurs de ma lampe, fixée au pavillon, se réfléchissaient allongées dans le canal. De temps à autre, et par une croisée entr'ouverte, s'échappaient quelques sons d'instrumens, quelques accens de voix sensibles ; puis la nacelle s'enfonçait au sein des ruelles liquides; tout inspirait la rêverie.... Moi, je dormais.

Le retentissement d'un marteau de bronze, le « *Eh Signora !....* » de mes gondoliers me réveillèrent en sursaut. Une planche jetée entre l'escalier et le bateau me servit de pont; je me frottais les yeux, et rassemblant peu à peu mes idées, je m'efforçais à entrer de l'air le moins assoupi possible, lorsqu'une dame âgée dont les yeux annonçaient de l'esprit, s'avança sur le seuil pour me conduire dans le salon.

Décoré avec goût, il contenait une société animée. Mme A.... car c'était elle, aimable avec chacun, ne parlait point littérature, point vers, point beaux-arts. Naturelle, oubliant son rôle de femme distinguée, sa réputation d'amie de lord Byron, et ses articles sur le poète; elle ne dirigeait pas la conversation, mais elle en suivait le cours avec une grace beaucoup plus attrayante que les mots préparés à l'avance, que le costume intellectuel, que la livrée morale adoptée par les bas bleus ordinaires. S'être approchée d'un homme tel que Byron, avoir reçu quelques éclaboussures de son génie, sont de grandes épreuves pour l'individualité; il est rare qu'elle résiste à un pareil choc, et quant par fortune elle en sort vraie, elle en sort piquante, on l'en apprécie davantage. — A peine si la comtessse parla de l'auteur du Giaour, dont elle me montra une excellente miniature. Une dame de la société, qui le connaissait particulièrement, m'entretint de lui et de Mme G.... qu'on s'émerveille encore à Venise d'avoir vue l'amie d'un homme de génie.

— « Sans être précisément dépourvue de facultés, me dit cette dame; Mme G.... de sa vie n'en a eu de transcendantes; quelquefois même, elle laissait échapper des paroles que les malins nommaient.... niaiseries! Je l'ai connue au couvent, je l'ai connue mariée, et sa liaison avec Byron reste une énigme pour moi! »

Après une discussion sur la sottise de Mme N... qui avait plongé dans de l'eau de savon le buste de son mari, sculpté par Canova; et lorsque j'eus considéré l'admirable tête d'*Hélène*; je rejoignis mon appartement. Il est peu de réunions au-dehors qui me paraissent valoir le sacrifice qu'on leur fait de sa paresse, d'une heure passée en liberté. Le fauteuil dans lequel on s'oublie pensif, le livre favori dont on médite queques pages, les souvenirs de la journée, le repos délicieux qui succède à une soirée paisible, contribuent plus immédiatement au bonheur que ne le feraient cent *conversazioni* réputées.

Venise, 14 *mai* 1834.

Je fus hier au soir dire adieu à l'Adriatique, aux vaisseaux dont les cordages rencontrés par les rayons de la lune se dessinaient aussi déliés que le fil de l'araignée. Sur l'étendue humide reluisait la lampe allumée devant chaque image de la Vierge, que le marin place entre les gondoles et près du bord. Saint-Marc recevait mon dernier regard; je voyais les deux esclaves noirs de son horloge se détacher immobiles vers la cloche qu'on eût dit suspendue dans les cieux; je voyais se déployer autour de moi, la magique splendeur de ses vieux palais, cadre séculaire; mon cœur se serrait, car ce matin je dois partir, et ce n'est pas l'ame indifférente, ou l'œil, sec qu'on fuit le squelette de la Venise « *Rome des mers,* » ainsi que l'a nommée un jeune poète. — Je parcourais avec lenteur ces rues bâties pour le piéton; je considérais ces *campi* environnés de bouquetières, où l'œilleton, quelques roses penchées dans un baquet plein d'eau douce, exhalaient, flétris par les chaleurs du jour, un suave parfum !

Ce que je regrette de Venise, c'est la mer, c'est le Lido, c'est Saint-Marc, c'est le port, et par-dessus le reste, l'absence complète de ces bruits prosaïques qui ramènent sans cesse l'ame au positif vulgaire de la vie, qui lui coupent les ailes. Ici, point de ces hurlemens désordonnés qui sortent de la poitrine sonore des vendeurs ambulans, qui retentissent de jour comme de nuit, interrompent votre sommeil, détruisent votre paix, et vous irritent par leur monotonie discordante. Point de chevaux qui piaffent, qui s'emportent; point de roues qui crient sur le pavé; pas de gens qui se heurtent, en fuyant un équipage lancé par un conducteur téméraire. Les chevaux sont.... des hommes. Le coupé, le tilbury, le landau, la calèche, la malle-poste, les fiacres.... des gondoles. Mais bien que leur uniformité prescrite par la loi, égalise les rangs ou les fortunes, aux yeux de l'étranger, la vanité n'y perd rien, et le Vénitien, d'un regard, devine le noble, le bourgeois, le pauvre ou le riche, sous le pavillon qui les recouvre tous. Le bateau, la gondole, distingués l'un de l'autre par les dents de fer qui terminent la dernière, diffèrent essentiellement dans l'usage qu'on en fait. Le bateau, c'est le fiacre, c'est la voiture plus ignoble qui stationne aux portes de Paris ; un homme fashionable vu en bateau est un homme perdu !

— « Le soir, au café (j'emploie les expressions de mon gondolier), le soir, au café, ses amis s'éloigneront à son approche avec un *Uh!*.... de réprobation. S'il se rend dans une *conversazione*, la maîtresse du logis le recevra froidement, et, durant le cours de la soirée, les beaux esprits rassemblés là ne daigneront pas lui adresser la parole. Pendant une semaine, pendant un mois peut-être, il restera entaché de ridicule, fût-il jeune, fût-il aimable, fût-il beau.... je ne dis pas fût-il riche ; de sa vie il ne pourra racheter entièrement cette légère erreur. »

La gondole elle-même, si simple, si noire

qu'elle soit, varie à l'infini au dire des connaisseurs. Un tapis de pied de couleur vive, des coussins de teintes différentes, entraînent des conséquences presque aussi graves que le bateau! La gondole de bon ton, intérieurement sculptée, tapissée d'un drap fin, garnie de coussins en maroquin noir, est dirigée par deux bateliers uniformément vêtus. Tout homme comme il faut doit en avoir au moins trois à sa porte; et ce n'est pas sans un geste de mépris que le marinier me désignait du regard les pieux déserts qui environnent les palais du grand canal.

— « Les nobles, s'écriait-il, les nobles serrent les cordons de leurs bourses; ils disent: *Una, abbastenza, va bene;* — puis ils marchent dans les rues, ils vont s'établir sur la place, ils abandonnent la voiture de leurs pères, et voilà pourquoi la ville se dépeuple, voilà pourquoi les palais tombent en ruines, voilà pourquoi Saint-Marc nous délaisse !..... »

Padoue, le soir.

J'ai revu avec satisfaction la terre ferme, de grandes prairies, des fleurs sur leurs tiges. Quelque séduisantes que soient les lagunes, on se sent toujours un faible involontaire pour la mère-patrie, et le trajet sur une route sinueuse, au travers des villas, des bourgades, près des ormeaux chargés des guirlandes de la vigne qui va fleurir, ne permet pas les regrets.

Nous avons cheminé parmi les roses, entre les iris et les nénuphars. Sur les jeunes têtes, de même que sur les cheveux gris des paysannes s'épanouissaient l'orchis velouté, l'églantine ou l'œillet des champs. La parure des campagnes embellissait ces teints colorés, et les visages flétris en acquéraient du charme ; je ne puis dire combien m'a paru gracieuse une touffe de ces fleurs, posée sur une chevelure argentée, près d'un front que le soleil, affronté depuis longues années, avait noirci; près de joues que le temps, que le chagrin peut-être sillonnaient de rides. La vieillesse, ainsi couronnée, était touchante, on eût dit un dernier adieu aux joies de la terre, un dernier regard vers le passé, et la tête tremblante qui faisait vaciller ces tiges délicates, tandis que près d'elle d'autres têtes rosées comme leurs guirlandes, se balançaient au bruit des éclats de rire, cette tête m'inspirait une plus grande vénération, qu'empreinte d'austérité, elle n'eût pu le faire.

Les rives ombragées de la Brenta, ses jardins, les barques qui la remontent, tirées par de forts chevaux, les toits de chaume, les murs de roseaux, l'architecture modeste des fermes, au sortir de la ville dentelée par excellence, reposent la vue et rafraîchissent la pensée. — Après un séjour dans cette vaste ruche humaine, qu'on nomme cité, la nature me retrouve passionnée pour elle. L'aspect des hommes, celui de leurs œuvres, excitent chez moi un involontaire désir de solitude, de verdure, de forêts, de tout ce qui n'est pas eux ; c'est pour cela, qu'arrivée à Padoue depuis quelques heures, je n'ai voulu visiter de la ville que ses environs.

CHAPITRE XL.

VÉRONE. — BRESCIA. — MILAN. — ASPECT.

Vérone, 15 mai 1834.

Quelle sensation délicieuse n'éprouverai-je point, lorsque, parvenue dans quelque hameau bien insignifiant, on me dira : *Ici il n'y a rien à voir !* Prendre du repos, ne pas courir exténuée auprès d'un pan de muraille, ne pas demander à mon ame flétrie des semblans de pensées ou d'admiration..... Ah! ce serait une béatitude que je n'ose espérer, plongée que me voici dans les tourmens du purgatoire.

Le ciel revêtu de nuages gris pesait, ainsi qu'un couvert de plomb, sur la contrée; l'air stagnant infiltrait le sommeil; pas le moindre détail aux alentours qui empêchât les paupières de s'affaisser, les idées de s'évaporer, l'imagination de dresser son théâtre nocturne, de faire surgir ses folles images devant les yeux qui ne voyaient plus.

Rien n'est aussi pénible que cette fantasmagorie du sommeil, au grand jour. La plus faible secousse qui réveille la pensée fait relever en sursaut la tête appesantie; la lumière entre dans la prunelle, elle place inopinément la réalité en présence de rêveries incertaines, et cause une maladie indicible. La lutte qu'on soutient contre l'assoupissement, les défaites dont chaque instant accroît le nombre, deviennent une angoisse insupportable. Quel plaisir peut alors procurer l'aspect d'une façade de *Palladio*, du tombeau des *Scaliger*, d'un théâtre moderne imitant l'antique, d'un théâtre antique envahi par un théâtre moderne; puis de la cent-huitième vierge, de la cinquante-neuvième crucifixion, des mille assomptions, adorations et martyrs que le moindre bourg, décoré du nom de ville, nous offre depuis six mois bientôt ?..... Hélas! pour contempler ces choses, il faudrait y voir..... mes yeux se ferment involontairement; et je donnerais toutes les madones, toutes les extases, toutes les transfigurations, toutes les visitations et les annonciations à moi connues, pour une heure passée sur un sopha, dans la solitude.

Les églises de Vicence sont riches sans doute, le palais communal est d'une rare beauté; mais à l'exception du théâtre dont l'invention piquante suffirait à immortaliser un artiste, et dont l'exécution reporte comme par enchantement aux siècles de la gloire romaine; rien ne m'a plu si fort que le marché sur la grande place. Ces corbeilles d'osier, ces chapeaux de paille; les figures expressives des campagnards; le bruit des charriots qui s'avançaient pesans et retournaient légers; la pose élégante de la paysanne assise sur la terre près de son panier; l'étonnement de la jeune fille que pour la première fois on amenait à la ville; cette masse bruyante, affairée, composait un tableau charmant.

L'amphithéâtre de Vérone, inférieur en dimensions à celui de Nîmes, n'en demeure pas moins imposant. Les gradins sont intacts; l'on se surprend à chercher le peuple romain des regards; hélas! ils retombent sur une misérable bicoque dont le gouvernement devrait rougir (si les gouvernemens pouvaient rougir.) Un hangard, une scène, des coulisses, des arbres, des tables, des boudoirs, des psychés de carton peint; puis des loges, un orchestre, un parterre, un théâtre complet en un mot, et qui pis est un théâtre diurne s'étale audacieusement dans l'arène. Une telle profanation est impardonnable; ce sont les oreilles de Midas sur la tête de notre siècle, et je me suis enfuie craignant de voir s'élever près de moi quelque ombre de centurion, de soldat, ou de manant romain, qui me montrât du doigt le théâtre sacrilége, puis s'évanouit avec un sourire moqueur.

Brescia, 16 *mai* 1834.

Vu par un prélude d'ouragan, le lac de Garde était d'une beauté sombre que je préfère à d'autres. Son eau savonneuse et sourdement agitée se roulait sur le sable; bientôt se revêtant de nuances plus foncées, elle devenait indigo, noire... noire comme les sommités qui l'enfermaient, noire comme les nuages accumulés au-dessus d'elle; balayée par les vents qui se précipitaient hors des gorges de la chaîne des monts, elle bouillonnait, tandis que les flots soulevés s'entrechoquaient pour se disperser plus tard en flocons d'écume blanche.

Le tonnerre éclatait avec violence, sous ce ciel ténébreux, vaste tenture de crêpe jetée sur la nature entière; près de ces vagues houleuses, près de ces pics sévères, environnés de haies d'églantiers en fleurs, une troupe de faucheurs et de faneuses se hâtait de réunir en tas le foin coupé. Les chapeaux de paille, détachés par le vent, voltigeaient çà et là; les fourches, les rateaux en mouvement, enlevaient l'herbe flétrie; au parfum aromatique des plantes moissonnées se mêlait une odeur de terre humide; les monceaux se formaient avec rapidité; les *andiamo*, les *corragio* du maître de ferme interrompaient seuls le silence des travailleurs; par fois on entendait la respiration entrecoupée des ouvrières, le murmure régulier et plaintif des hommes; puis une bouffée violente emportait tous les sons, et les forts accens de la tempête dominaient dans l'espace.

Une pluie qui tombait par torrens, la grêle, les éclairs, nous ont retenus pendant deux heures sous un avant-toit. Les paysans rassemblés là contemplaient avec joie ces larges gouttes qui vivifiaient leurs prairies. On les voyait s'exposer sans précaution à ces eaux que depuis long-temps on sollicitait de la sainte Vierge; chacun disait un mot, on calculait les progrès de son champ, de sa vigne; on vendait déjà son *pot au lait*; et j'ai béni l'orage qui nous avait placés pour quelques momens devant cette scène villageoise.

Les collines de Brescia, malgré les intempéries de l'air, malgré la rigueur de l'atmosphère, ont excité mon admiration et mes regrets. On voudrait s'établir au sein de ses coteaux, exactement couverts d'arbres, de bois de haute-futaie, et là, vivre quinze jours dans le repos! On voudrait parcourir ces cimes, cotoyer le flanc des Alpes qui meurent auprès d'elles, découvrir quelque réduit ombreux, y passer de longues heures.

Ce soir, comme nous revenions du tem-

ple déterré en 1832; la lueur de quelques flambeaux brillant devant la porte de l'hôtel nous a fait hâter le pas. Soixante soldats en uniforme gris, et l'instrument aux lèvres, se tenaient debout rangés en cercle. La foule s'accumulait dans la rue, des sentinelles posées de distance en distance maintenaient l'oppression; un officier, le rouleau de papier dans les mains, distribuait les parties, donnait le mot d'ordre musical; c'était là un de ces fameux orchestres militaires que les armées du Nord amènent avec elles, et celui-ci, composé de Hongrois, s'est bientôt classé parmi les meilleurs que j'aie rencontrés. Depuis long-temps piani si fins, déclamation si vraie, n'avaient caressé mes oreilles; je m'étonne encore que le noble amour de la musique ait pu se développer dans des cœurs asservis. — L'ouverture de *Guillaume Tell*, jouée par des instrumens à vent, m'a vivement émue. Il y avait de l'audace à faire retentir ces chants de liberté au sein d'un pays qui, bien qu'il plie, s'indigne sous les chaînes. Cette marche entraînante n'était-elle point une ironie trop amère pour ce peuple dont l'ame seule n'est pas encore garottée?...
A Vérone, à Vicence, à Padoue, à Venise, ou

pourrait exécuter de telles ouvertures sans inquiétude, la bête est muselée; mais l'oser ici; ici où le mot de *patrie* fait étinceler les regards...... c'est une hardiesse cruelle !... peut-être de la sottise...

Il me semblait à chaque instant voir s'élever quelque bras menaçant, voir paraître quelque énergique figure, entendre quelque cri de rébellion. Hélas ! rien ; les baïonnettes étaient vigilantes, elles parlaient plus fort que les passions. Pour leur répondre, il eût fallu le même langage, et le peuple désarmé se taisait.

Milan, 17 *mai* 1834.

Il n'est peut-être pas au monde de pays si riche que la Lombardie! On dirait cette terre créée tout exprès pour donner naissance aux arbres les plus vigoureux, aux plantes les plus touffues. L'herbe y est épaisse ; les épis de blé ou d'orge se gonflent déjà ; le mûrier, les chênes, les peupliers, jusqu'aux petits arbrisseaux, sont superbes à voir, et, quoique plate, quoique dénuée de sites pittoresques, cette contrée ne m'a pas causé un instant d'ennui.

On récoltait les feuilles de mûrier : chargées de corbeilles, les paysannes s'efforçaient d'atteindre aux branches de l'arbre, pour cueillir délicatement l'extrémité de ses rameaux. Leurs tabliers rouges, leurs corsages bruns, les épingles d'argent qui entourent leurs têtes, la longue aiguille terminée par deux boules ovales qui retient leurs tresses, étaient jolis à considérer au milieu des champs. Les petits charriots à deux roues volaient sur la route rafraîchie par la pluie; des vaches rouges, brunes, tachetées, broutaient près des fossés, guidées par un petit drôle à la mine éveillée. Des touffes de valerianne rouge et blanche se penchaient sur les murs crevassés où elles avaient pris racine. Les champs étaient parsemés de pavots, de bleuets; les rossignols faisaient résonner leurs cadences sous les berceaux de la vigne en fleur; l'Adda, bordé de casini inhabités encore, courait vert, limpide, sans que le moindre caillou jeté sur son passage altérât la paix de ses flots. Les acacias avec leurs grappes parfumées, les saules pleureurs aux branches flexibles, le rosier sauvage et ses guirlandes entrelacées s'inclinaient vers les ondes, laissant emporter par elles la poussière de leurs étamines, des feuilles ou des pétales détachés. Quelques villages, non plus composés de petites chaumières basses et riantes, mais formés de hauts bâtimens, s'asseyaient sur le bord du fleuve. L'orage de la veille avait, avec de la fraîcheur, répandu sur la campagne une nouvelle couche de nuances ; on eût dit chaque feuille, chaque fleur, chaque brin d'herbe vernis, quelques goutes scintillaient encore dans l'intérieur des haies, et les rayons du soleil faisaient resplendir le paysage.

Les villas qui se pressaient aux abords de Milan, cette majestueuse avenue de peupliers d'Italie, à l'extrémité de laquelle on distingue le dôme et les colonnades de la porte orientale, la largeur des rues, leur population, la splendeur des monumens qu'on effleure du regard, m'ont éblouie. Je me sens renaître à l'aspect d'une ville qui n'est ni morte ni mourante. Le cours d'agonies commencé à Rome, interrompu quelques instans à Florence, achevé ici, influait d'une manière fâcheuse sur mon ame. Maintenant me voici transformée ; la distance qui me sépare de la France s'est pour ainsi dire évanouie, et mes jouissances, sans cesse escortées d'arrière-pensées, sont pour la première fois pures de cet alliage qu'apportent l'éloignement et son cortége de souvenirs pénibles.

Plus on avance vers le Nord, plus la musique devient populaire. A Génes, à Livourne, à Rome et à Naples, les airs nationaux n'étaient autre chose que d'aigres cris. A Narni, à Bologne, à Ferrare, la cavatine retentissait déjà, à Venise c'était la barcarole; ici l'opéra se joue en plein air, et de ma fenêtre j'ai eu le plaisir d'assister à l'une de ces représentations.

L'arrière-cour de l'hôtel formait le théâtre, les décorations, c'étaient les voitures qu'on déchargeait, l'écurie grande ouverte, les palefreniers qui soignaient leurs chevaux, le banc sur lequel ils déposaient tour à tour l'éponge et l'étrille. Deux ou trois voituriers babillards, quelque *lord* négligemment appuyé sur sa fenêtre, quelque soubrette en négligé servaient de spectateurs. L'orchestre, les acteurs, se composaient de deux guitarres, d'un violon, d'une flûte ; puis d'une jeune première de cinquante ans et de six ou sept pieds de circonférence.

Un ou deux fragmens de la *Norma*, de la *Parisina*, de *Mose*, furent tour à tour chantés par les artistes ambulans. Ces poings fermés, ces prières, ces beaux mouvemens, ces passions tragiques en habits bourgeois, l'instrument sous les doigts, parmi les chaises de poste, les roues, les flèches entassées ; parmi les valises roulant de droite et de gauche, les dîners qui passaient et repassaient, parmi les postillons s'élançant à la poursuite des voyageurs avec le *non va bene, una bottiglia, ho tanto bene condotto* accoutumé ; étaient plaisans à voir, joints au bruit des fourchettes, à celui de la brosse sur les voitures, au sifflet du cocher qui nettoyait en blouse l'équipage de son maître ; confondus avec la voix claire de la petite-maîtresse qui se récriait sur l'horreur de l'appartement, sur *l'infashionabilité* des meubles, qui déclarait ne pouvoir vivre une heure sans armoire à suspendre les robes, sans boudoir, sans cabinet de toilette, sans psyché, sans causeuse, sans dormeuse, sans chiffonnière, puis tombait en pamoison à la vue de sa caisse de modes balottée par les bras nerveux des facchini qui se l'arrachaient !

Les chanteurs étaient excellens, les gestes vrais, pathétiques ; mais cette scène produisait une parodie dont je ris encore.

Milan, 18 *mai* 1834.

Milan est le siége du despotisme autrichien. Les hommes, plus difficiles à dompter là que dans le reste du royaume, les esprits ardents qui travaillent en dépit des mesures arbitraires, inquiètent le gouvernement, font trembler le prince *** dans son boudoir ministériel, et pâlir l'empereur sur son trône. On lit les lettres, on garde les hommes à vue, les exilés sont environnés au-dehors d'agens soudoyés; ce qui se dit au-dedans, ce qui se dit en pays étranger est connu, enregistré sans retard. On donne la torture morale, on enveloppe chaque ame d'un réseau; ce qui s'en échappe glisse dans le filet, devient accusation, preuve, instrument de supplice. On devine la couleur d'un homme à sa contenance au café, aux journaux qu'il parcourt d'habitude; on sait qu'à telle époque un autre a tenu certains propos à Paris, à Naples, à Londres ou ailleurs. Une partie de la noblesse gémit dans les prisons, soumise à des tourmens de détails tels que privation de nouvelles domestiques, interrogatoires astucieux, absence d'espace, mauvaise qualité de nourriture, choses dans lesquelles l'Autriche surpasse l'Espagne, même au temps de l'inquisition. — L'autre, parquée pour ainsi dire dans le royaume dont elle ne peut sous aucun prétexte dépasser les limites, est surveillée jusque dans son intérieur.

On ne peut comprendre, ce qu'est l'existence dans un pays où le droit des gens s'évanouit devant ce mot : *l'empereur;* où la liberté individuelle n'existe pas ; où la sûreté, où la possession du chez soi sont habituellement violées ; où le calme de l'ame est impossible !.... On ne saurait concevoir les souffrances attachées à une vie qui s'écoule au milieu des précautions, de la crainte, des froissemens du cœur ! Aimer un frère, un fils, un mari ; se les voir inopinément arrachés ; passer sous les fenêtres garnies d'auvents vers lesquelles ils pleurent, et ne pouvoir un seul instant reposer ses yeux sur leurs traits... Ah ! ce sont là des peines supérieures aux forces de l'homme, et qu'il faudrait être un saint martyr pour supporter sans désespoir !

Cependant rien de démocratique comme les institutions qui concernent le peuple ; les écoles primaires, l'enseignement gratis, sont établis dans la ville. Chaque quartier, divisé en communes, crée ses députés ; et, pauvres ou riches, paysans ou non paysans, ceux qu'elle renferme ont droit de voter.

Chargés de plans, de demandes, ceux qui sont élus, discutent, rejettent, choisissent, présentent au gouvernement le résultat de leurs travaux, et fréquemment se voient autorisés à exécuter leurs projets. Les classes inférieures de la société, choyées avec une politique étonnante, ne désirent aucun changement ; la population éclairée seule est à la torture; On s'essaie à faire du peuple italien un peuple d'Autriche ; du citoyen, un de ces bourgeois de Vienne qui va le dimanche au Prater, courbe le front à l'approche de son empereur, vide une bouteille de bierre, revient chez lui, passe la semaine en machine, puis se croit heureux, et n'échangerait pas sa torpeur contre la vie d'un autre.

Les régimens stationnaires à Milan se trouvent, pour la plupart, composés d'Italiens ; malgré d'inouis efforts, je n'ai pu me l'expliquer. Un régiment italien au sein d'une ville italienne !..... cela dans le but d'en réprimer les mouvemens, d'emprisonner, de massacrer au besoin !.....

Il faut avoir une grande dose de sécurité, pour se fier à ces mains arrachées au sol qu'on leur ordonne d'opprimer ; et à moins que le prince *** esclave de la mode, ne veuille soumettre Milan au traitement *homéopathique*, je ne saurais me rendre compte de cette distribution de troupes.

Malgré, ou plutôt à cause de la pluie, ce jour a été exactement employé. Un beau soleil inspire le désir de flâner ; s'astreindre à courir d'un musée à l'autre quand ses rayons se répandent auprès de nous, utiliser ses heures quand la population abandonne les siennes au temps qui s'envole, n'est en vérité pas faisable : accueillant avec joie l'ondée qui lavait les rues, et retenait chacun chez soi, j'ai bravé l'humidité, j'ai combattu les raisonnemens de M. D...., j'ai vaincu les répugnances de ma tante, et nous voici de retour après avoir vu le dôme, la maison Simonetta, l'arc du Simplon, la fonderie des chevaux de bronze, la galerie Christofori, le lazaret, la Porte-Neuve, puis la place d'Armes et l'Amphithéâtre.

Le dôme dont j'avais de ma fenêtre contemplé quelques dentelures délicates, quelques aiguilles surmontées de statues, m'a fascinée par son ensemble! Cette masse hérissée de pointes, de flèches, l'éclat du marbre, la profusion des ornemens, la merveilleuse élégance des formes, les innombrables et minutieuses perfections de l'édifice, contribuent à vous stupéfier; le dôme, œuvre gigantesque dans ses proportions, me paraît être à l'architecture gothique ce qu'est le Colysée à l'architecture romaine.

L'arc du Simplon surpasse les monumens antiques du même genre; mais il faut l'avouer, ces bas-reliefs destinés dans l'origine à rappeler les victoires de Napoléon, et qui maintenant représentent le congrès de Vienne, excitent un sourire. N'est-ce pas là une de ces bévues qui laissent voir *le bout de l'oreille*? La peau du lion était assez grande pour qu'on pût s'en revêtir complétement; placé à l'extrémité de la route du Simplon, cet arc ainsi travesti est une mauvaise plaisanterie dont l'Autriche aurait dû voir le ridicule.

Le Lazaret m'a intéressée. Ces maisons basses sont bien celles que Renzo visita au sortir de la porte orientale, c'est bien là qu'il cherchait sa Lucie; c'est bien là que, conduit par le père Christofo, il s'avançait vers le lit de Rodrigue, lui pardonnait et le voyait mourir. C'est bien là que Charles Borromée bénissait les malades; et c'est là que j'ai relu, en frissonnant, l'inimitable morceau de Manzoni sur la peste, qu'enfermé dans l'enceinte de l'hôpital on apprécie à sa valeur.

Milan, 18 *mai* 1834.

Quoique bordées d'édifices neufs, quoique larges, claires, peuplées de promeneurs, les rues de Milan me semblent tristes. Le voile noir, que fraîches ou ridées, toutes les femmes portent sur leurs cheveux, nuit à l'aspect des promenades, et sied aux très-jolies personnes, il enlève aux laides; aux médiocres, le peu de charmes que leur avait départis la nature. La robe de taffetas noir ajoute à la sévérité de ce costume; les habits d'hommes mêlés à ces vêtemens sombres composent une masse obscure, dont le plus gai soleil ne saurait diminuer l'effet lugubre. On voit fort peu de ces coiffures gracieuses, de ces fleurs, de ces plumes nuancées, de ces étoffes aux éclatantes couleurs qui transforment une ville au printemps, pour en faire presque un parterre.

Quelques misérables chapeaux sont égarés dans la foule; la grande majorité des femmes à pied adopte le voile, et les équipages fuient trop rapidement pour que la toilette de celles qu'ils entrainent change le tableau général.

J'ai senti ce matin comme un frisson de terreur en entrant dans la *Brera*. Une galerie de tableaux, quelle perspective!... et lorsque ces tableaux sont des chefs-d'œuvre, lorsqu'ils demandent une admiration réelle, la tête s'y perd !

J'ai accompli ma tâche; pour la dernière fois j'ai examiné des Raphaël, des Rubens, des Vandick, des Paul Véronèse, des Guide, des Michel-Ange, et ils m'en ont paru plus beaux! Pour la dernière fois j'ai passé en revue ces religieux à genoux, ces martyrs déchirés brin à brin, cette assemblée torturante autant que torturée, et j'ai redit, non des lèvres, mais du cœur ces paroles *archivraies* d'un bon homme de ma connaissance. « Morbleu ! quand je me vois parmi les saints, je suis tenté de me donner au diable!.. »

Le mariage de la Vierge, la sainte Cène, le repas chez Emmaüs, sont de nobles sujets; cependant quels sujets répétés dans tous les siècles et par tous les peintres ne paraitraient odieux à la longue? Aimerait-on à être entouré de figures régulières, mais souriant du même sourire, exprimant la même pensée sans que jamais une idée étrangère, une fantaisie, un rêve, une émotion altérassent l'impassibilité de leurs physionomies?.... J'en deviendrais folle!—Le visage ne doit-être autre chose que l'interprète de l'ame. Si l'ame est belle, intelligente, riche de facultés et variée dans ses richesses, le visage ne saurait être d'un ennui ou d'une laideur absolue. Si l'ame, belle encore, n'est susceptible que d'un seul genre d'impression; si, immobile, elle se reflète uniforme sur la figure, quelque parfaite qu'elle soit, du reste, cette dernière lassera bientôt.—Les sujets sacrés, unanimement adoptés par les artistes, contribuent à rendre les galeries fastidieuses. Nul doute que l'amour, que la haine, que les mille passions orageuses qui s'élèvent au cœur de l'homme, sans cesse reproduites sur la toile, n'amenassent aussi la satiété; pourtant notre cœur soumis à l'influence de ces mêmes passions bien plus qu'à celle d'une piété douce, éprouve un plaisir secret à les voir retracées dans leurs phases. Quelque défiguré, quelque repoussant qu'on paraisse aux autres, on découvre toujours en soi des détails agréables, on aime à se regarder au miroir, et sans qu'on veuille se l'avouer, nul visage ne plaît tant que le sien propre. Les douleurs, les joies d'autrui ne nous touchent guère que par leurs rapports avec celles que nous avons ressenties; nous les comprenons mal quand elles s'en éloignent, quelquefois même nous allons jusqu'à nier leur existence. Le penchant qui nous entraîne auprès de tel ou tel, n'est souvent qu'un violent amour de soi-même reporté sur l'être qui nous en offre les traits principaux, et les affections ne subsistent qu'aussi long-temps que le *moi*, clé de la voûte, demeure intact.

CHAPITRE XLI.

DE GRANDS INTÉRÊTS. — LE CORSO. — MONZA. — BELLAGGIO. — VARÈSE.

Milan, 19 *mai* 1834.

Depuis huit jours, Milan s'émeut, un même sujet réchauffe chacun. L'homme paresseux d'esprit se réveille et lance des paroles ardentes dans la conversation; une animation fiévreuse saisit l'homme vif; le bourgeois, sa famille, le marchand derrière son comptoir, la fruitière devant sa corbeille, sont agités par une pensée semblable. Projets ambitieux, intrigues, désirs de plaire, plans de séduction, fussent-ils près d'éclore, s'évanouissent pour faire place à l'intérêt public; et l'intérêt public..... *c'est madame Malibran!*

Les imaginations milanaises, écrasées d'une part, s'échappent par la seule issue qui leur soit abandonnée; madame M*** équivaut à vingt mille soldats autrichiens; le prince *** en la fixant à Milan, pourrait non-seulement retirer ses troupes, mais encore dormir sur les deux oreilles!

Arrivée le onze dans cette ville, elle chanta avant-hier sur le théâtre de la Scala, et ses notes si douces tombèrent ainsi que des brandons de discorde au milieu de la population. — *La Pasta, la Malibran*, tels sont les mots qu'on répète dans la rue, au cours, sous la tente du café, sous les voûtes du dôme, dans le boudoir de la petite-maîtresse, jusque chez le marchand d'huile qui fournit à l'éclairage de la salle!

Les vers en l'honneur du *Drame incarné*, comme nous l'appelons à Paris, couvrent à la lettre les murs. Ici c'est un sonnet, là une cantate; à quelques pas un éloge empreint de cette verve, de ces..... *issime*, de ces *dio*, de ces *stelle*, que notre enthousiasme raisonné du Nord déclare ridicules faute de les concevoir. C'est l'annonce de son portrait tiré à cinquante mille exemplaires ; ce sont d'innombrables brochures, catalogues détaillés de ses perfections. Cette femme remue toutes les têtes, réchauffe tous les cœurs, c'est le romantisme dans sa pureté primitive, qui apparaît lumineux à la Scala; c'est le Victor Hugo du chant qui jette au vent les paillettes, anéantit le clinquant, fait surgir la vérité sur ces débris poussiéreux; ce sont autour d'elle les yeux faibles que ses rayons aveuglent, les yeux d'aigles qu'ils font étinceler, puis la masse des yeux louches qui voient double ou qui ne voient pas.

Le public est sévère. Rempli du souvenir de la Pasta, il analyse chaque son, chaque geste ; il s'attend à beaucoup, et veut son attente surpassée, il se veut vaincu, mais à la suite d'une lutte fatigante et par des forces supérieures.

Après avoir conquis un succès dans la *Norma*, madame M*** se fit entendre hier dans *Otello*. La *Scala* brillante d'or, brillante de spectateurs, offrait un coup d'œil magnifique! Madame P***, placée sur le devant d'une loge, conservait un maintien indifférent; ses partisans puisaient dans ses reregards le courage qu'il fallait déployer en cette occurrence; les indécis se tournaient vers elle, puis vers la toile, et poussaient de temps à autre le *hem! hem!* qui équivaut au *nous verrons* formidable! Les malibranistes (chaque parti a son nom, ses chefs), les malibranistes, sûrs de la victoire, se félicitaient déjà.

Un instant de calme plat, puis l'actrice fit son entrée au bruit d'applaudissemens fougueux. Quel goût exquis dans son costume!... quelle grace dans la manière dont elle s'inclinait lentement aux acclamations générales!... tout en elle était séduction, et le public maîtrisé battait des mains avec transport.

Pur, cristallin, le premier son s'échappa de sa poitrine, vibra dans la salle, fit tressaillir les dilettanti, et, s'affaiblissant par degrés, mourut dans un silence solennel! Décrire ces notes une à une est impossible, mais je ne saurais oublier l'effet de cet accent, la surprise qui se peignit sur la figure de plusieurs, le triomphe dont étincelèrent les yeux du grand nombre, l'imperceptible pli qui se forma sur le front de Madame P*** et la crispation légère de sa main qu'elle avait posée sur son mouchoir.

A peine cet acte achevé, à peine les brava et les fuori apaisés, qu'un grand mouvement s'opéra dans le théâtre. Les portes des loges, s'ouvraient et se fermaient précipitamment, on s'adressait des félicitations, on discutait, on courait l'un chez l'autre, on se demandait *que pense le parterre?... que fait la Pasta?...* — La réussite, au dire des uns, n'était pas assurée; selon les autres, le succès ne pouvait se contester; les prunelles flamboyaient, les têtes se redressaient avec une expression d'aigre fierté. Puis le second acte, puis le troisième se succédèrent, et l'incertitude devint impossible, car un cartel aurait accueilli sans retard des paroles malveillantes. C'était des *viva! viva la Malibran!* c'était des mouchoirs qui voltigeaient, c'était une pluie de sonnets, c'était de la frénésie; et l'antagoniste redoutable, après avoir applaudi, avec une exagération qui la trahissait, disparut à la sourdine suivie de ses admirateurs.

A vrai dire, Mme M*** fut, hier, supérieure à tout ce que je connaissais d'elle. Une voix d'ange se prêtant à redire les douleurs d'une femme ne m'aurait pas troublée davantage. La foule s'écoula muette, oppressée..... et moi je revins malade de n'avoir pu pleurer.

Milan, 20 mai 1834.

Je viens de visiter la ville ; par un singulier concours de circonstances, les jours précédens étant fériés, ce matin seulement j'ai joui de l'aspect qu'elle présente, lorsque ses magasins ouverts ajoutent l'éclat de leur contenu à la régularité de ses rues. Milan est certes une des belles cités de l'Italie; cependant, comme ville *italienne*, elle ne me plaît guère. On ne retrouve point là l'originalité de Florence, de Bologne, de Venise, ni même celle de Ferrare ou de Vérone. A part la teinte sombre que répand sur elle la garnison autrichienne, elle n'a pas de couleur locale. C'est Paris, ainsi que l'a dit *M. Valery*, mais c'est Paris décoloré; et malgré la galerie Cristofori, malgré les promenades, leurs platanes, leurs ormeaux, leurs peupliers fort supérieurs aux nôtres; malgré la splendeur des bâtimens qui tous à peu près sont neufs, ou du moins le paraissent, elle ne me séduit pas.

J'ai rarement rencontré plus de bienveillance que chez les Milanais; ils ont une politesse de cœur, seule parfaitement aimable, parce que seule, elle est dépourvue de gêne ou de prétentions. Les étrangers, accueillis avec une prévenance particulière, passent des heures délicieuses dans ces réunions où se déploient cette vivacité, cet inattendu dont la conversation de l'Italien du nord étincelle. En dépit de l'infortune, les sentimens conservent ici une noble indépendance; on sait plier la tête sans courber le genou; la société en masse forme une opposition passive mais constante, et n'admet aucun des oppresseurs. On se souvient de Gonfalonieri qui meurt à petit feu dans Spielberg; on se rappelle sa femme qui, après deux voyages inutiles à la citadelle, douze années de souffrances et un dévouement héroïque, expira sans qu'à cette heure il le sache peut-être; on apprend la décision du conseil qui, *faute de preuves* (le mot innocent ne fait point partie du dictionnaire autrichien) restitue la liberté à un jeune marquis D... puis l'exile dans une province septentrionale de l'empire; on a sous les yeux ces hautes murailles, derrière lesquelles gémissent des êtres adorés, et l'on frémit!

Milan, 20 *mai* 1834.

Le cours est ce que j'ai vu de plus brillant jusqu'ici. Les équipages de Milan, supérieurs à tout ce qui sort de nos ateliers, peuvent se comparer sans désavantage à ceux de Londres.

Une large chaussée, située sur les remparts, forme la promenade. Elevée au-dessus du terrain, elle domine les plaines embaumées de la Lombardie, que borne une majestueuse chaîne de glaciers, pendant que Milan et ses édifices s'étendent de l'autre côté, ceints d'un triple rang d'arbres.

C'est le soir, à sept heures et demie, que l'élite de la bonne société se rend sous le vaste berceau de tilleuls en fleurs; c'est là qu'aux clartés de la lune on va respirer l'air tiède chargé d'odeurs suaves; c'est là qu'on va suivre la file des voitures, reconnaître de loin ses amis et tuer une heure de la soirée.

Les fiacres, les voitures à deux roues ne se mêlent point aux équipages réunis en ce lieu là. Disposés sur quatre lignes, remplis de femmes, coiffées seulement de leurs beaux cheveux noirs, ils s'avancent avec peine entre les cavaliers qui galopent auprès d'eux.

On serait tenté de croire au bonheur, à la vue de cette jeunesse pleine de feu, à la vue de ces dames souriantes, nonchalamment couchées sur de moëlleux coussins; puis, on vous dit.....

« Remarquez cette jeune fille légèrement pâle... son père depuis un an est écroué, sans qu'une seule fois, elle ait pu s'entretenir avec lui!..... Considérez ce vieillard; ses amis, ses parens, on lui a tout enlevé; il reste *seul!*..... Après quinze jours d'une tendre union on a incarcéré le mari de cette femme; il attend sa mise en jugement.... Cet homme dans la force de l'âge, celui qui laisse maintenant sa voiture pour se promener pensif sous les arbres, est menacé d'une arrestation; il ne peut fuir, les passeports lui sont refusés. »

Il n'y a presque pas ici une famille distinguée dont un membre ne souffre dans quelque cachot, ou ne soit terrifié par l'appréhension. C'est une espèce de dîme, levée par l'Autriche, sur la noblesse milanaise, et l'esprit, le nom, le rang ne sauraient détourner les coups qui partent de Vienne.

Monza, 22 mai 1834.

Nous sommes arrivés ce soir à Monza.--

Près du chemin, de petits ruisseaux s'écoulaient harmonieusement sur les cailloux ; des vaches, la cloche sonore au cou, faisaient jaillir l'onde sous leurs pieds et tendaient le museau vers les plantes de l'autre bord. Nous respirions l'odeur enivrante qui émanait des grappes de l'acacia ; une foule de chars de foin traînant jusqu'à terre, parfumaient les alentours, et les mille détails de la campagne, puis l'indicible satifaction qu'on éprouve à se rapprocher des gens et des choses qu'on aime, nous accompagnaient dans cette route.

Monza n'offre rien de remarquable si ce n'est la couronne de fer, le palais, une galerie de tableaux et les meubles du vice-roi. Précédée d'un vieux cultivateur qui avait déposé sa bêche pour me guider, j'ai parcouru les alentours du château, et, à la fraicheur, au murmure des grillets, au gazouillement des rossignols qui parlaient seuls, deux heures se sont délicieusement écoulées.

Une pelouse unie se déroulait parsemée de grands arbres; ici, une voûte de verdure se prolongeait obscure; plus loin, des ormes, un dôme épais au-dessus de ma tête, une foule de mouches luisantes, scintillaient dans l'air, tour à tour brillantes, sombres, légères, ou mystérieuses, ainsi que des esprits follets; le bonheur s'infiltrait dans mon ame.

La félicité, lorsqu'elle est si vive, lorsqu'elle est si complète, fait naître une espèce d'effroi. La raison s'élève et la dit fragile; à des émotions douces se mêlent des pressentimens qu'on n'analyse pas, mais qui serrent le cœur. Le jour, la semaine, le mois qui doivent succéder se présentent à l'imagination, drapés de noirs. Sous le crêpe dont ils sont voilés, on croit discerner des formes lugubres, et les salles de verdure, et la luciole qui voltige, et le disque large, doré, qui, d'en haut, laisse tomber ses lueurs sympathiques sur la terre, et la majesté des nuages qui marchent lentement, et cette magie du soir, et cette splendeur d'une nuit d'Italie; rien n'a la puissance de retenir vos larmes.

Cependant vos yeux se portant vers le ciel contemplent les innombrables mondes qui étincellent; ils s'abaissent et rencontrent l'insecte qui chemine scintillant au travers du gazon; insensiblement ce spectacle dissipe vos peines; il efface vos douleurs, comme si elles n'eussent été qu'une rêverie; il vous inspire une confiance entière, puis vous rendez grace, et vous jouissez encore!

A mon retour, le peuple se rassemblait auprès d'un théâtre de marionnettes. Deux lampes, quatre pieux, quelques décorations, de bavards fantoccini attiraient la foule, les plaisanteries étaient piquantes. Arlequin, Pantalon, s'attaquant de la parole, ainsi que du geste, se disputaient la faveur du public, et les situations archi-naïves arrachaient aux spectateurs de bons éclats de rire, dont moi-même je ne pouvais me défendre.

J'ai suivi durant une heure le cours de la pièce; écoutant les explications que le jardinier présent à la séance de la veille, voulait bien me donner; l'avouerai-je, j'ai trouvé là un plaisir véritable, plus que, bien souvent, je n'en avais éprouvé *aux Français*.

Bellaggio, 23 mai 1834.

Peu connu, pratiqué par un petit nombre de voyageurs, le chemin par terre, de Monza à Bellaggio, possède l'attrait de la solitude que ne lui ont pas ravi les berlines encombrées de malles, les diligences, les voiles verts, les fracs, les badines, le babil des étrangers, et tout ce qui fait si mal à considérer, si mal à entendre sous les sapins, dans un village.

Les paysans ont là d'honnêtes figures qu'on tressaille de plaisir à revoir; on remarque sur les physionomies l'expression de la bienveillance; la nature est superbe, et j'aurais peine à me représenter l'Eden, fait d'une autre manière.

Plongée au fond de ces montagnes que depuis long-temps j'apercevais de loin avec le trouble de l'espérance; j'ai cheminé sous les acacias, sous les chênes, sous les saules pleureurs, sous les mûriers qui y croissent abondamment. Mainte fois je suis demeurée en extase devant la cascade qui s'élançait vaporeuse près du village enfoncé dans le bois de hêtres. Le filet d'eau qui s'échappait sous la mousse, le genêt dont les coroles semblaient d'or; la rose sauvage et vermeille; une foule d'orchis variés de nuances; un vieux pont étreint par le lierre; la moindre cabane, son jardin, ses draperies de vigne, sa galerie en bois grossier couverte du lin filé pendant l'hiver; l'étang d'eau pure qu'ombrageaient les cythises; voilà ce qui m'arrêtait, et je m'arrêtais souvent!

Une multitude de scènes, dont les détails me paraissent indéfinissables, se succédaient près de nous; ce qu'elles étaient, vraiment je ne saurais le dire! Un rayon de soleil égaré sous l'ombrage ; le lac Segrino, si profond, si vert, que le feuillage se distinguait à peine sur ses rives ; le charriot rempli de plantes fraîches, dont on s'apprêtait à garnir le ratelier des bestiaux ; la vallée qui s'ouvrait sinueuse et fleurie ; la roue du moulin, faisant voler l'écume en poussière argentée ; la coronille éclatante, la grande marguerite, le sureau, ses touffes embaumées ; puis bien d'autres choses que j'essaierais en vain de retracer.

Si parée, si séduisante que fût la nature au sein de ce pays agreste, elle m'a semblé terne, comparée aux environs du lac de Come. — Ah ! j'ai senti mon cœur battre fortement, lorsque, placée sur le bord de la pente, j'ai vu se déployer à mes pieds cette longue bande azurée, chatoyante sous le soleil, resserrée entre des montagnes infranchissables, entourée de villages qui se mirent dans les ondes avec des forêts de châtaigniers.

A chaque pas le lac se montrait d'une plus étonnante beauté ; les arbres touffus, groupés çà et là, contrastaient avec ses teintes d'un bleu intense. Bifurqué, trifurqué pour mieux dire, il pénétrait dans l'épaisseur des monts pendant que les rayons du soleil caressaient tour à tour, et la voile du bateau pêcheur qui se penchait gonflée, et le vieux manoir dégradé, et la villa au sein des bosquets.

Après deux heures d'une descente pénible, mais pittoresque, nous voici établis à Bellaggio chez *Don Abbondio Gennaro*. Le lac, le port, les nacelles qui sillonnent l'onde; au-dessus de ma tête, un ciel immense, ténébreux; autour de moi une contrée qu'il faudrait être poète pour décrire; sur l'autre rive, l'*Ave Maria* que me transmettent les eaux, les vibrations du cor s'éteignant par degrés; à l'horizon, l'éclair qui brille parfois et peint de noir le reste des cieux; voilà ce que je contemple, voilà ce que j'écoute à cette heure, et c'est pour repaître mes yeux, mon cœur, tout mon être du spectacle de cette nature; c'est pour entendre le trille de la rainette, c'est pour aspirer l'odeur du géranium, placé sur mon balcon; c'est pour aspirer le parfum léger de la rose du Bengale, qui monte vers la fenêtre, que je laisse ma plume avec cette page fatiguée.

Varèse, 26 mai 1834.

La traversée de Bellagio à Come, sur le lac, est une de ces promenades qu'on voudrait prolonger à l'infini tant elle est riche en tableaux divers.

Il est délicieux de naviguer sur une onde parfaitement pure, il est délicieux de tournoyer au milieu des montagnes; de voir la végétation du midi tapisser les cimes qui offrent, dans leurs formes escarpées, l'âpre majesté du nord. Le peuplier d'Italie, le pin en parasol, le figuier, le sapin, le châtaignier et ses feuilles brillantes, couvraient le flanc des sommités.

Je suivais de l'œil le bateau qui transportait au couvent voisin le moine et ses élèves; à l'autre bord, la villageoise et les achats qu'elle venait de faire dans Come. Je considérais ces teintes vives que le soleil, aux premières heures du matin, projette sur les monts. La villa du marquis Arconati maintenant exilé; les villas Sommariva, d'Est, Melli, Pasta et vingt autres, s'étalaient pompeuses, avec leurs parcs en miniature, au pied de la chaîne dentelée des Alpes ; l'on eût dit une longue guirlande, jetée à la base de ces pics décharnés.

Comme la moitié du trajet était accomplie, mon mauvais, ou mon bon ange (je ne sais lequel en vérité) me glissa dans l'oreille ces mots :

« Tu n'as point vu *Bocca del piombo!...* »

Pas vu bocca del piombo! répétai je en tressaillant. C'était avant-hier, en passant à Erba, qu'il fallait visiter cette grotte ; la course alors eût été facile ; mais, à cette heure, monter presque au hasard et trouver, quoi ?.. peut-être quelque méchant trou, peut-être quelque mesquine excavation creusée par un malin gnome dans ses momens de loisir ; c'était là une perspective propre à décourager même d'intrépides voyageurs.

Nos bateliers que je questionnai, ne me disaient rien d'exact, si ce n'est... *Ah! bello! bello assai!* puis des gestes, des clignemens d'yeux, des haussemens d'épaules à n'en pas finir; de telle sorte, qu'après dix minutes de réflexions je fus plus indécise qu'auparavant.

— « Nous ne marchons pas !... » — s'écria M. D***, en détournant les yeux de l'itinéraire qu'il avait feint de lire....

A Como dunque, murmurai-je, répondant à sa pensée. Les bateliers s'éloignèrent de la rive, et le regret.... le dépit pour mieux dire, m'empêchèrent de parcourir Come, ses collines ombreuses, ses longues allées de platanes.

CHAPITRE XLII.

BAVENO. — LE SIMPLON. — BRIEG. — SION.

Baveno, 26 mai 1834.

Que le lever du soleil dans la montagne est un beau spectacle! La campagne de Vareze à Sesto Calendo était enchanteresse; encore des vergers splendides, des prés fleuris; encore des haies, des bosquets embaumés; puis une vue divine! Le Mont-Rose se montrait dans le fond, et sa sommité chargée de neiges éternelles; le lac de Varèze, couleur d'aigue-marine ; la madona *del monte*, église placée sur le point culminant d'une colline; près de nous des cerisiers, leurs fruits rouges; sous le buisson, la fraise vermeille penchée sur sa feuille plissée, formaient un tout merveilleux!

J'ai admiré le crépuscule, l'aurore, la limpidité du ciel; le ruban d'or, qui s'étendait à l'horizon. J'ai admiré le vallon, les bourgades, qui restaient quelques heures dans l'ombre, pour en sortir resplendissans. J'ai admiré la richesse des gerbes de lumière répandues sur la nature; la vie qu'elles communiquent à ce qu'elles rencontrent. J'ai vu le Tesin qui s'échappe du lac à Sesto Calendo; j'ai vu les maisonnettes pressées sur ses bords, et les barques qui le descendent ou le remontent sans cesse; mais le lac Majeur l'emporte sur tout cela! Plus vaste que celui de Come, environné de montagnes, il a quelque chose d'un peu triste qui m'a dès l'abord touchée au cœur. On ne voit point sur ses rives ces maisons de plaisance, ces couvens, ces hameaux, qui encadraient l'autre; son aspect n'étonne pas, il charme; et l'on cède à ce sentiment sans le raisonner, sans s'expliquer l'attrait de ces eaux d'un bleu pâle, de ces rivages mélancoliques, de ces petits villages, semés de loin en loin sur la côte.

Arona, le colosse de Saint-Charles, m'ont frappé, l'un par sa situation, l'autre par la noblesse de sa pose. Cette main étendue sur le Milanais; cette masse noire opposée à la verdure des coteaux; ces dimensions énormes qui anéantissent celles des bâtimens voisins, surprennent. Perpétuer l'image d'un homme qui dévoua sa vie aux malheureux, dont la famille veille par ses bienfaits à la plupart de leurs besoins, me semble une grande idée.

Des ruisseaux partagés par de gros cailloux, et se plissant autour de leurs angles mousseux; des cerisiers que la brise, en soulevant leurs feuilles, faisait paraître écarlates; des forêts tapissant la pente; quelques chaumières dégradées, leurs jardins clos remplis de roses, d'arbustes odoriférans et de légumes, bordaient le chemin. Un vaste berceau de vigne ombrageait le rivage; les saules et les bouleaux laissaient la vague baigner leurs racines, les montagnes qui se croisaient composaient une foule de plans infinis dans la délicatesse de leurs teintes, et je considérais les coudes, les enfoncemens du lac, lorsque l'Isola-Madre, le bois qui la cache presque entièrement, puis l'Isola-Bella, ses arcades ses terrasses, ses palais, ses orangers, ses richesses qu'au milieu des chaînes alpines on dirait être un rêve, sont venues éblouir mes regards. J'ai parcouru de l'œil l'île des pêcheurs, hameau sur les flots, Venise champêtre, qui rappelle la Venise noble de bien loin et que, si j'osais l'avouer, je préférerais à ses deux sœurs, tant elle m'a semblé romantique, heureuse.... autant qu'on peut en juger de l'autre rive. Baveno, la grève, les ondes que je vois de ma fenêtre se balancer sur le sable, m'attirent au-dehors; à demain donc!

Baveno, 27 mai 1834.

Le ciel, bien que voilé en partie par des nuages blancs, nous promettait ce matin un soleil durable, quand nous nous sommes dirigés vers les îles.

L'Isola-Madre a reçu notre première visite. Un seul casin délabré domine cette colline qui sort verdoyante entre les eaux dont ses rochers reçoivent l'écume. Des berceaux de citroniers descendent de son sommet à la plage ; de sombres allées circulent sous ses arbres immenses ; c'est une variété, c'est un luxe de feuillage que l'on ne saurait concevoir. L'air est sans cesse renouvelé par le souffle du vent qui caresse les orangers en fleurs; les chênes verts, les lauriers, les pins, les cèdres, les cyprès étrangers, une multitude d'arbustes rares, entrelacent leurs rameaux, pendant que le géranium, que le rododendron, ses pétales tour à tour rose-vif, délicats, plus larges et lilas tendre ; pendant que le daphé, que le mimosa, que le cactus et sa grande fleur rouge et ses grappes d'étamines dorées fascinent l'œil par leur éclat. Des guirlandes de rosiers multiflores se suspendent en longues tresses, se courbent en festons gracieux, ou, rampant sur le treillis de la volière, forment un toit de fleurs, aux faisans dont les plumes chatoient ainsi que l'écrin d'un joaillier, aux mille oiseaux d'espèces recherchées qui s'essaient à voltiger parmi leurs boutons entr'ouverts. A chaque instant, le lac, quelque village, le Mont-Rose, le Simplon parsemé de taches de lumière, apparaissent au sortir du bosquet pour vous étonner, pour vous attendrir.

Là seulement, depuis six mois, passés au

milieu des beautés de la nature ; là, je me suis surprise à songer en gémissant au *chez moi;* là, je me suis surprise à placer, en imagination, une villa simple, de jolis meubles, des livres, puis des instrumens de musique, puis des pinceaux, puis ceux que j'aime, puis moi-même ; et c'est ce que je n'avais jamais fait de bonne foi jusqu'alors. L'Isola-Madre ressemble à l'un de ces livres qu'on ouvre aux heures décolorées comme aux heures brillantes, et dont les mots tombent toujours consolans sur le cœur. On sent que, joyeux ou triste, découragé ou plein d'espérance, las des autres ou de soi, on éprouverait quelque soulagement à venir pleurer ou sourire sous ces ombrages, près de ces hautes roches sur lesquelles l'eau découle lentement, pour se perdre dans les flots du lac.

Il est maladroit de voir l'Isola-Bella après l'*Isola Madre.* Grimper au soleil de midi sur les terrasses, visiter les appartemens du château, est une tâche pénible dont on ne retire que mécompte, que fatigue.

Le bois de pins, planté il y a quinze ans par le maître jardinier, deux lauriers sur lesquels Bonaparte traça quelques lettres, clé de sa fortune, de sa gloire, de sa chute, et que les doigts rapaces de l'Angleterre ont détruit pièce par pièce au profit des albums; ce sont là les seules choses qui m'en aient plu. Il y a trop de murs, trop de chaux, trop de mortier, trop de maçonnerie dans le reste; les statues, les arcades, les voûtes envahissent la place que de grands arbres eussent si bien occupée, et si, considérée de loin, cette ile paraît supérieure à l'Isola Madre, intérieurement examinée, elle lui devient inférieure sous tous les rapports.

Au centre de ce lac, dont ils sont les seigneurs suzerains, et qu'on ne peut exploiter sans leur payer un droit, il est curieux de voir disputer aux Boromée la libre possession de leur Isola-Bella. On retrouve là, mise en action, l'histoire du meunier de *Sans-Souci*. Cinq ou six maisons avec leurs jardins, leur petite église, restent adossées au château.

« Vendez... vendez-moi donc! » dit le comte aux pêcheurs.

« Je vous donnerai tant et tant, et plus encore!.... » — Cela m'était raconté par mes vieux bateliers:

— « *Eccelenza no!*... repliquent les pêcheurs; ceci est notre patrie, nos pères possédaient l'île avant les ancêtres de M. le comte, et s'il plaît à la madone, nous et nos enfans y mourrons ! »

M. le comte se désole, car cette bicoque ferait une serre merveilleuse ; sur l'emplacement de celle-là on creuserait une grotte bien fraîche ; cette autre, rasée, élargirait la terrasse de dix toises ; la quatrième, détruite, procurerait un point de vue divin sur la côte ; mais.... impossible ! Cela n'empêche pas que M. le comte ne demeure chéri des pêcheurs, et qu'au fond de l'ame il ne fût très-désappointé s'ils disparaissaient de ses terres.—« D'ailleurs, ajoutait philosophiquement le batelier, qui n'a plus rien à désirer se lasse de ce qu'il possède, et le bon Dieu a mis ces petites maisons là, tout exprès, pour assurer le bonheur de son excellence. »

L'île des Pêcheurs, sans bois d'orangers, sans berceaux de citronniers, sans volière, sans gazons, sans terrasses, est décidément celle des îles que je préfère. Ses masures sur la rive, ses sentiers qui remontent dans l'intérieur du village, son église autour de laquelle se réunissent les maisonnettes rustiques des mariniers ; ses jardins, dont un pommier, un buisson de groseilliers, une haie de framboisiers, quelques laitues, trois ou quatre choux, autant de bettes font la parure; sa langue de terre qui se prolonge dans les eaux, ombragée par deux rangs de hêtres, me sourient davantage à eux seuls, que les ornemens de ses deux nobles rivales.

J'aime à voir l'enfant qui joue avec les pierres roulées du bord, et n'a jamais contemplé la terre ferme que de loin; j'aime à voir le batelier qui attache sa nacelle, et court à sa hutte un seau plein de poissons dans les mains; j'aime à voir le curé qui se promène sous les arbres, lit son bréviaire et s'arrête, pour observer d'un œil de gourmet la perche ou la truite frétillante que son paroissien détache du filet. C'est une population à part que celle de ce morceau de terre qui contient cent cinquante ames; c'est une vie à part que celle qu'on y mène, et le curé, ses ouailles, ainsi séparés du monde, donneraient lieu à de piquantes observations. Je voudrais une histoire de l'île, de ses habitans, de leurs passions; je voudrais étudier ces dernières, connaître leurs ravages dans un espace que dix minutes suffisent à parcourir; je voudrais sur elle quelques romans à la manière de *Manzoni*; jamais lieu ne m'a semblé si propre à inspirer une plume habile, et je ne désespère pas de trouver quelque jour mes vœux accomplis.

Simplon, le soir, 28 *mai* 1834.

Hier, à pareille heure, souffle chaud, orangers en fleurs, promenade vers le lac, prés fournis, moëlleux, cri de la cigale, gazouillement inachevé de l'oiseau sous la feuillée; fenêtres, portes grandes ouvertes!..... Aujourd'hui neige épaisse, glaciers, solitude absolue, désolation..... et feu a mi-cheminée! Hélas, oui, je l'ai quittée cette parfumée, cette belle Italie! A l'aurore, j'ai vu disparaître le lac, ses côtes couleur d'émeraude, ses trois îles vertes enchassées dans une limpide monture bleue; j'ai vu fuir les vignes, qui s'entrelacent sur la rive et enferment l'étendue azurée dans un triple rang de festons. J'ai vu s'évanouir les brunes figures piémontaises, les yeux noirs, les coiffures d'argent. Bientôt les monts se sont rapprochés; leurs flancs s'écartaient, des villages aux toits d'ardoise s'appuyaient sur la pente; quelques arbres, quelques prairies disputaient l'espace aux sapins des montagnes; un dernier regard au ciel, à la nature d'en de ça les Alpes; et, sans plus détourner la tête, je me suis enfoncée dans ces profondeurs sévères.

De grands précipices, de grandes sommités, tel est le Simplon. Un silence, interrompu seulement par le torrent qui se fracasse contre les rocs et tombe dans le gouffre semblable à une gerbe de sable argenté, règne aux alentours. L'eau filtre goutte à goutte dans les moindres fissures; ce sont des plaines verdoyantes, des croupes boisées, des roches tapissées de plantes sauvages; puis ce sont des plaines encore, mais des plaines de neige, mais des croupes, mais des rochers, mais des pics de glace; ce sont des crevasses, lignes bleuâtres qu'on discerne à peine sur les cimes voisines; c'est la tour de *Gondo*, noire, mélancolique, avec son vieux curé, ses trois paroissiens et les branches de pins qu'ils ont arrachées dans les forêts pour en construire une chapelle; (demain on célèbre la Fête-Dieu); c'est le vent qui passe déchaîné sur le frêle édifice, le brise et laisse les ouailles soufflant dans leurs doigts, suivre de l'œil le reposoir dont il sème les débris sur l'abîme. C'est, en haut, un espace uni, transparent, uniforme; c'est, en bas, une nature en convulsion; ce sont les galeries obscures, leurs stalactites de glace, leurs meurtrières; plus tard, c'est la Suisse; c'est la liberté, liberté de pensée, de parole, d'action; paix dans l'ame, dilatation du cœur.

Sion, 29 mai 1834.

Le Simplon recèle des beautés incontestables; beautés tragiques, beautés de premier ordre; mais après les jours brillans, après l'atmosphère tiède, après les séductions de l'Italie; il est bien froid, bien sérieux. Toucher de la neige, s'envelopper de fourrures, le 29 mai, répand je ne sais quel découragement dans l'ame; il semble qu'on doive se congeler sur ces sommités chenues, et la descente seule parvient à rendre la gaîté. C'est alors qu'on croit voir un sombre voile se partager devant les yeux; les petites maisons de bois, jetées çà et là au milieu du gazon, sont délicieuses; on plonge ses regards, sous les hauts sapins dont les branches décrivent une vaste courbe, tandis que leur feuillage foncé pend ainsi qu'une frange. Les toits de Brieg, l'étroite vallée qui forme le canton du Valais, les pics dont elle est environnée, s'étendent peu à peu; les murs de neige se fondent, les fleurs de montagne et leur odeur éthérée les remplacent; la chaise de poste roule promptement, elle tourne sans cesse et arrive enfin au bas de cette paroi presque perpendiculaire qui, vue du sommet, effraie si fort.

L'harmonie des cloches de Brieg s'élevait jusqu'à nous depuis un quart-d'heure, lorsque nous sommes entrés dans le village. Les rues étaient ornées de branches; les fenêtres pavoisées de drap rouge, jaune ou bleu; sous un pavillon de verdure, on apercevait l'autel drapé de guirlandes, et assis sur un tapis de fleurs naturelles qui composaient de riches dessins. Chaque image ternie de la Vierge se trouvait encadrée par un cordon de roses; un murmure de chants graves errait dans l'air; et passer brusquement, demander des chevaux de poste dans une heure pareille, eût été une profanation.

Nous nous sommes arrêtés. De jeunes filles rassemblées en foule faiblissaient sous la gaze fanée, sous les falbalas, sous les rubans, sous les écharpes, et sous les pompons ridicules dont on les avait chargées. Celle-ci, vêtue d'une robe de satin froissé représentait la vierge Marie. Ce jeune homme enfermé dans une cuirasse de carton peint, un casque de fer-blanc ombragé de plumes sur la tête; dans les mains une lance qui le dépassait de plusieurs pieds, s'avançait soutenu par quatre hommes, figurait l'ange Gabriel, et pouvait à peine se remuer tant les ames pieuses avaient, dans leur zèle, serré, et brassards et cuissards, et l'armure entière. Quelques séminaristes marchant de droite à gauche, de gauche à droite, pirouettaient à qui mieux mieux. On portait en grande pompe de petits dieux (il m'est impossible de nommer autrement ces figurines de cire jaune) : et le spectacle de ces jeunes visages enfouis sous de vieux chiffons, le spectacle de cette idolâtrie plus absurde encore, quant elle se déploie en face de scènes sublimes; ce spectacle ne me causait que dégoût, que pitié !

Je ne saurais dire combien les paysannes réunies pour la fête; combien leurs chapeaux ronds, le large ruban dont elles le couvrent, combien leurs robes grossières, mais solides, étaient pittoresques, à côté des villageoises dépouillées de leurs habits ordinaires, revêtues de la dépouille des villes. Chacune d'entre elles roulait un chapelet entre ses doigts en récitant à demi-voix quelque prière; ce bruissement vague prêtait à la cérémonie une solennité remarquable. Deux compagnies de douze hommes, faisaient des évolutions sur la place, tandis que le prêtre disait la messe; une salve de coups de fusils est venue annoncer aux fidèles le moment de l'élévation; tous se sont jetés à genoux, et je n'oublierai point ces costumes caractéristiques, ces têtes rosées s'inclinant vers la terre; ce grand drapeau laissant se dérouler lentement la croix fédérale; puis le Simplon qui communiquait au tableau un prodigieux caractère de noblesse.

Nous sommes partis; sur notre passage, les villages tapissés de cytises exhalaient une odeur délicieuse. On voyait parfois quelque vieux capucin, quelque vieux curé des montagnes, se prendre à contempler la moindre masure avec le sourire de l'admiration; le pays respirait un air de fête, et les hameaux eux-mêmes étaient parés.—Cependant, comme cette contrée est misérable! qu'elle est solitaire, qu'elle est ravagée!

Le Rhône inonde parfois l'étendue presque entière de la vallée; ce ne sont que lits de torrens, que pierres roulées; ce n'est que sable, que gravier; à peine de temps à autre, trouve-t-on deux ou trois cabanes, pressées sous un groupe de pommiers rabougris; la misère semble être profondément attachée au sol, et le peu d'habitans qu'on rencontre là portent sur leurs vêtemens l'empreinte d'une extrême pauvreté.

Lausanne, 31 mai 1834.

La situation de Saint-Maurice est admirable; ces arbres vigoureux au pied des rochers; ce pont qui ferme l'entrée du canton de Vaud et de la Suisse; cet ermitage, ce Rhône bouillonnant sont beaux à voir, même au sortir d'Italie!

Qu'il est majestueux le lac Léman avec son rempart de sommités neigeuses, d'escarpemens, de crevasses et de ravines immenses! Combien j'aime sa vaste étendue qui reflète les Alpes et leurs formes gigantesques, qui répète les coteaux de la rive, leurs récoltes, leurs forêts de noyers, leurs petites villes, leurs beaux villages. — Chillon, masse grise chargée d'ans et de pleurs; (maintenant encore le château sert de prison); le chemin ombragé qui s'élève, descend tour à tour et plane sur cette nappe moirée, tout est splendide.

J'approche du terme de mon voyage, je

palpite d'espérance; le but me paraît vaciller, puis se dissiper ainsi qu'une vapeur..... Demain, je pars; nous voyagerons jour et nuit, samedi matin peut-être, nous arriverons!... Cette pensée me fait tressaillir.

Revoir ceux que j'aime, la France, Paris, les lieux où j'ai vécu; reprendre ma vie d'habitude, cette vie dépourvue de sensations trop vives, de ma bonne vie de plante... Ah! cela me sera-t-il accordé?

Paris, 4 juin 1834.

Oui, je suis à Paris, et mon bonheur m'enivre. J'ai vu de loin la fumée de la grande ville; j'ai vu les barrières, les faubourgs; la chaise de poste a roulé plus rapide, la foule, l'accent harmonieux, l'élégance; j'ai tout retrouvé.

Rejoindre ses foyers après une longue absence, reposer ses yeux sur des traits qu'on a laissé mouillés de larmes; contempler un sourire sur les lèvres que la douleur contractait.... ah! ce sont là des joies si douces pour cette terre, qu'elles donneraient envie de ne jamais mourir.

FIN DU DERNIER VOLUME.

TABLE

DES

CHAPITRES CONTENUS DANS LE DERNIER VOLUME.

Pages.

Chap. XXI. — Festa di balla. — Conversazioni. — Société napolitaine.................... 5

Chap. XXII. — Académie royale. — Monsignor Capece-Latro. — Le Corso. — Pouzzole. — La Solfatare............... 23

Chap. XXIII. — Capo di Monte. — Le Môle. — Les Catacombes. — Baya................... 43

Pages.

Chap. XXIV. — La Strada nuova. — Saint-Martin. — Caserte................................. 69

Chap. XXV. — Vie de Naples. — Les Studii. — Seraglio................................. 83

Chap. XXVI. — Salerne. — Pæstum. — Mon hôtesse et son histoire..................... 95

Chap. XXVII. — Sorrento. — Retour. — Castell'-Mare. — Pompeï..................... 113

Chap. XXVIII. — La Fenice. — San Carlino. — Cisterna............................... 127

Chap. XXIX. — Rome. — Saint-Pierre. — Nibbi. — Colysée............................. 135

Chap. XXX. — Chapelle Sixtine. — Forum. — Saint-Pierre. — Les Reliques. — Le Miserere. — La Lavanda........................ 157

Chap. XXXI. — Seconde Lavanda. — Saint-Pierre et Saint-Marcel. — Les Convertis. — L'Illumination. — La Girandole............... 179

Chap. XXXII. — Ruines. — Villa. — Grand monde. — Printemps. — Vatican............. 197

Chap. XXXIII. — Le Dôme de Saint-Pierre. — Tivoli. — Frascati....................... 217

Chap. XXXIV. — Départ. — Sensations. — Terni. — Trasimène........................... 239

Chap. XXXV. — Toscane. — Florence. — La Parisina. — Uffizi. — Edifices. — Les Casini... 257

Chap. XXXVI. — Le Corso. — Les Casini. — Le Cocomero. — Cafés. — Palais Pitti. — La Norma................................. 277

Chap. XXXVII. — Voyage. — Bologne. — Garni-

              Pages.

son autrichienne. — Ferrare.............. 297

Chap. XXXVIII. — Venise. — Le Soir. — Palais des Doges. — Cicerone................. 321

Chap. XXXIX. — La Place Saint-Marc. — Le Lido. — Une Barcarolle. — Murano. — Une Conversazione. — Derniers adieux. — La Terre. 343

Chap. XL. — Vérone. — Brescia. — Milan. — Aspect....................... 363

Chap. XLI. — De Grands intérêts. — Le Corso. — Monza. — Bellaggio. — Varèse........... 385

Chap. XLII. — Baveno. — Le Simplon. — Brieg. — Sion....................... 403

www.ingramcontent.com/pod-product-compliance
Lightning Source LLC
Chambersburg PA
CBHW071942220426
43662CB00009B/956